编写组

主　编

秦树高　邓宏兼　刘海荣

副主编

尤　韬　强淑君　周　楠　李学明　苏銮勇
刘占军　刘　东　图　雅　杨玉萍

编　委

马雪峰　何继荣　魏海燕　张　瑜　范　冰
杨　威　汪淑艳　马金梅　赵　琴　赵丽霞
徐萨萨　周　亮　石韵玉　李文嘉　李梦晗
刘　靓　李　媛　王玉霞　吴正强　高小莉
常晓辉　赵学鹏　候逸晨　高　洋　王晓斌
张茹贤　王　欢　卜剑平

宁夏吴忠黄河国家重要湿地

植物图鉴

NINGXIA WUZHONG HUANGHE GUOJIA ZHONGYAO SHIDI
ZHIWU TUJIAN

秦树高　邓宏兼　刘海荣 | 主编

黄河出版传媒集团
阳 光 出 版 社

图书在版编目（CIP）数据

宁夏吴忠黄河国家重要湿地植物图鉴 / 秦树高, 邓宏兼, 刘海荣主编. -- 银川 : 阳光出版社, 2023.10
ISBN 978-7-5525-7140-0

Ⅰ. ①宁… Ⅱ. ①秦… ②邓… ③刘… Ⅲ. ①沼泽化地-植物-吴忠-图集 Ⅳ. ①Q948.524.33-64

中国国家版本馆CIP数据核字(2023)第243968号

宁夏吴忠黄河国家重要湿地植物图鉴
秦树高　邓宏兼　刘海荣　主编

责任编辑　郑晨阳　王　瑞
封面设计　半　梦
责任印制　岳建宁

黄河出版传媒集团
阳光出版社　出版发行

出 版 人　薛文斌
地　　址　宁夏银川市北京东路139号出版大厦（750001）
网　　址　http：//www.ygchbs.com
网上书店　http：//shop129132959.taobao.com
电子信箱　yangguangchubanshe@163.com
邮购电话　0951-5014139
经　　销　全国新华书店
印刷装订　宁夏银报智能印刷科技有限公司
印刷委托书号　（宁）0027837

开　　本　787 mm × 1092 mm　1/16
印　　张　13
字　　数　230千字
版　　次　2023年10月第1版
印　　次　2023年10月第1次印刷
书　　号　ISBN 978-7-5525-7140-0
定　　价　168.00元

前　言

宁夏吴忠黄河国家重要湿地位于吴忠市利通区与青铜峡市交界处，作为宁夏黄河湿地的重要组成部分，由黄河水域景观轴、沿河湿地与生态景观林带等共同构成，由西南向东北呈狭长带状。宁夏吴忠黄河国家重要湿地是以河流湿地、湖泊湿地、内陆滩涂和沼泽地为主，兼有一定数量的林地和草地，具有相对丰富的植物景观和物种多样性。

《宁夏吴忠黄河国家重要湿地植物图鉴》收录维管束植物53科141属170种，包括蕨类植物（1种）、裸子植物（6种）和被子植物（163种）。其中，裸子植物按照中国裸子植物分类系统（郑万钧系统）排列，被子植物按照被子植物系统发育研究组系统（APG IV）排列。收录植物的中文名、学名、科名和属名均参照中国植物志（网络版）及中国生物物种名录——植物界名录（2023版）进行校对。本书收录植物均采用简洁文字介绍其俗称、特征、分布及用途，方便读者快速检索相关信息。

本书是以科普性为主兼具学术性的植物图鉴，采用图文并茂的编写方式，有助于不同类型读者阅读使用。本书可为湿地管理人员进行植物资源监测提供快速鉴定工具，还可作为开展自然体验和科普教育活动的宣传材料，对于进一步提升宁夏吴忠黄河国家重要湿地科研监测、管理执法和科普教育水平具有一定帮助。

在本书即将刊印之际，特向宁夏回族自治区和吴忠市湿地行政管理部门及广大工作人员在植物拍摄、物种鉴定和书稿编写过程中的协助表示感谢。由于时间和能力所限，疏漏之处在所难免，望读者指出，将在后续工作中予以不断完善。

编　者

目 录

木贼科 Equisetaceae

木贼属 *Equisetum* L.

节节草 *Equisetum ramosissimum* Desf.

俗称：节节木贼、笔管草。

特征：多年生草本。根茎直立，横走或斜升，黑棕色。地上枝多年生。枝一型，高20~60 cm，主枝多在下部分枝，常形成簇生状；幼枝的轮生分枝明显或不明显；侧枝较硬，圆柱状，有脊5~8条，脊上平滑或有一行小瘤或有浅色小横纹；鞘齿5~8个，披针形，宿存。孢子囊穗短棒状或椭圆形，长0.5~2.5 cm，中部直径0.4~0.7 cm，顶端有小尖突，无柄。

分布：分布于河岸和湖岸林草地。全国各地均有分布。

用途：药材。

柏科 Cupressaceae

侧柏属 *Platycladus* Spach

侧柏 *Platycladus orientalis*（L.）Franco

俗称：香柏、黄柏。

特征：乔木。幼树树冠卵状尖塔形，老树树冠则为广圆形；生鳞叶的小枝细，扁平。叶鳞形，长1~3 mm，先端微钝。雄球花黄色，卵圆形，长约2 mm；雌球花近球形，径约2 mm，蓝绿色，被白粉。球果近卵圆形，长1.5~2.0 cm，成熟前近肉质，蓝绿色，被白粉，成熟后木质，开裂，红褐色；种子卵圆形或近椭圆形。花期3—4月，球果10月成熟。

分布：青铜峡黄河楼景区。分布几乎遍布全国。

用途：绿化、木材、药材。

刺柏属 *Juniperus* L.

圆柏 *Juniperus chinensis* L.

俗称：刺柏、桧柏。

特征：乔木。树皮深灰色，纵裂，成条片开裂；幼树的枝条通常斜上伸展，形成尖塔形树冠，老则下部大枝平展，形成广圆形的树冠。叶二型，即刺叶及鳞叶；刺叶生于幼树之上，老龄树则全为鳞叶，壮龄树兼有刺叶与鳞叶。雌雄异株，稀同株，雄球花黄色，椭圆形。球果近圆球形，径6~8 mm，两年成熟，熟时暗褐色，被白粉或白粉脱落；种子卵圆形。

分布：黄河两岸林地和绿地。广布于除东北、新疆和青海之外的其他地区。

用途：绿化、木材、药材。

叉子圆柏 *Juniperus sabina* L.

俗称：沙地柏、臭柏、爬地柏。

特征：匍匐灌木，稀灌木或小乔木。枝密，斜上伸展，枝皮灰褐色。叶二型，刺叶常生于幼树上，常交互对生或兼有三叶交叉轮生，排列较密，向上斜展；鳞叶交互对生，排列紧密或稍疏，斜方形或菱状卵。雌雄异株，稀同株；雄球花椭圆形或矩圆形。球果生于向下弯曲的小枝顶端，熟前蓝绿色，熟时褐色至紫蓝色或黑色；种子常为卵圆形。

分布：部分公园绿地。产于西北地区，在中国北方园林绿化中广泛种植。

用途：绿化、水土保持、固沙。

松科 Pinaceae

松属 *Pinus* L.

油松 *Pinus tabuliformis* Carriere

俗称：红皮松。

特征：乔木。树皮灰褐色或褐灰色，裂成不规则较厚的鳞状块片，裂缝及上部树皮红褐色。枝平展或向下斜展，老树树冠平顶。针叶2针一束，深绿色，粗硬，长10~15 cm。雄球花圆柱形，长1.2~1.8 cm。球果卵形或圆卵形，长4~9 cm，成熟前绿色，熟时淡黄色或淡褐黄色，常宿存树上数年；种子卵圆形或长卵圆形。花期4—5月，球果第二年10月成熟。

分布：部分公园绿地。广泛分布和种植于中国北方地区。

用途：绿化、水土保持、工业原料、药材。

樟子松 *Pinus sylvestris* var. *mongolica* Litv.

俗称：海拉尔松。

特征：乔木。大树树皮厚，树干下部灰褐色或黑褐色，上部树皮及枝皮黄色至褐黄色。枝斜展或平展，树冠稀疏。针叶2针一束，硬直，常扭曲，横切面半圆形，微扁。雄球花圆柱状卵圆形，聚生新枝下部；雌球花有短梗，淡紫褐色，下垂。球果卵圆形，成熟前绿色，熟时淡褐灰色，熟后开始脱落；种子长卵圆形或倒卵圆形。花期5—6月，球果第二年9—10月成熟。

分布：部分公园绿地。原产于东北地区，广泛种植于中国北方。

用途：绿化、木材、工业原料。

云杉属 *Picea* A. Dietrich

青海云杉 *Picea crassifolia* Kom.

俗称：白松。

特征：乔木。一年生嫩枝淡绿黄色，二年生小枝呈粉红色或淡褐黄色，老枝呈淡褐色、褐色或灰褐色。叶较粗，四棱状条形，近辐射伸展，或小枝上面之叶直上伸展，下面及两侧之叶向上弯伸，多少弯曲或直。球果圆柱形或矩圆状圆柱形，成熟前种鳞背部露出部分绿色，上部边缘紫红色；种子斜倒卵圆形。花期4—5月，球果9—10月成熟。

分布：部分公园绿地。自然分布或种植于西北地区。

用途：绿化、木材。

睡莲科 Nymphaeaceae

睡莲属 *Nymphaea* L.

白睡莲 *Nymphaea alba* L.

俗称：睡莲。

特征：多年水生草本。根状茎匍匐。叶纸质，近圆形，直径10~25 cm，基部具深弯缺，全缘或波状，两面无毛；叶柄长达50 cm。花直径10~20 cm，芳香；花梗略和叶柄等长；萼片披针形，长3~5 cm，脱落或花期后腐烂；花瓣20~25，白色，卵状矩圆形，长3.0~5.5 cm，外轮比萼片稍长；花托圆柱形。浆果扁平至半球形。花期6—8月，果期8—10月。

分布：湖泊、池塘。产于河北、山东等省，广泛种植于全国各地。

用途：观赏花卉、食物。

泽泻科 Alismataceae

泽泻属 *Alisma* L.

东方泽泻 *Alisma orientale*（Samuel.）Juz.

俗称：水泽。

特征：多年生水生或沼生草本。块茎直径1~2 cm，或较大。叶多数；挺水叶宽披针形、椭圆形，先端渐尖，基部近圆形或浅心形，叶脉5~7条，叶柄长3.2~34 cm，较粗壮，基部渐宽，边缘窄膜质。花葶高35~90 cm，花序长20~70 cm，花两性，花梗不等长；外轮花被片卵形，内轮花被片近圆形，白色、淡红色，边缘波状。花果期5—9月。

分布：湖泊和池塘边岸。广布全国。

用途：观赏花卉、药材。

眼子菜科 Potamogetonaceae

眼子菜属 *Potamogeton* L.

穿叶眼子菜 *Potamogeton perfoliatus* L.

俗称：抱茎眼子草。

特征：多年生沉水草本。具发达的根茎，根茎白色，节处生有须根；茎圆柱形，上部多分枝。叶卵形、卵状披针形或卵状圆形，无柄，先端钝圆，基部心形，呈耳状抱茎，边缘波状，常具极细微的齿；基出3脉或5脉，弧形，顶端连接，次级脉细弱；托叶膜质，无色，早落。穗状花序顶生，密集或稍密集；花序梗与茎近等粗；花小，被片4，绿色。花果期5—10月。

分布：湖泊、池塘。广泛分布于中国北方各地。

用途：净化水质、药材、饲料。

鸢尾科 Iridaceae

鸢尾属 *Iris* L.

鸢尾 *Iris tectorum* Maxim.

俗称：蓝蝴蝶。

特征：多年生草本。根状茎粗壮，须根较细而短。植株基部围有老叶残留的膜质叶鞘及纤维，叶基生，黄绿色，稍弯曲，中部略宽，宽剑形。花茎光滑，顶部常有1~2个短侧枝，中下部有1~2枚茎生叶；苞片2~3枚，绿色，内包含1~2朵花；花蓝紫色，直径约10 cm。蒴果长椭圆形或倒卵形，成熟时自上而下3瓣裂；种子黑褐色梨形。花期4—5月，果期6—8月。

分布：部分公园绿地。全国多数省区均有分布或种植。

用途：观赏花卉、药材。

马蔺 *Iris lactea* Pall.

俗称：马莲、马兰花。

特征：多年生密丛草本。根状茎粗壮，木质，斜伸，须根粗而长，黄白色，少分枝。叶基生，坚韧，灰绿色，条形或狭剑形，长约50 cm，宽4~6 mm。花茎光滑，高3~10 cm；苞片3~5枚，绿色，内包含2~4朵花；花蓝紫色，直径5~6 cm；花梗长4~7 cm。蒴果长椭圆状柱形；种子为不规则的多面体。花期5—6月，果期 6—9月。

分布：大部分公园绿地。广泛分布或种植于北方、华中和华东地区。

用途：观赏植物、水土保持、盐碱地改良、饲料。

阿福花科 Asphodelaceae

萱草属 *Hemerocallis* L.

萱草 *Hemerocallis fulva*（L.）L.

俗称：金针。

特征：多年生草本植物。植株高40~150 cm。根近肉质，中下部有纺锤状膨大。叶条形，长40~80 cm，宽1.3~3.5 cm。花葶粗壮，高0.6~1.0 m；花橘红色至橘黄色，无明显香味，多早上盛开晚上凋谢；圆锥花序具6~12朵花或更多，苞片卵状披针形。蒴果长圆形。花果期5—7月。

分布：利通区河岸公园绿地。广泛分布和种植于全国各地。

用途：观赏植物。

矮萱草 *Hemerocallis nana* Forrest et W. W. Sm.

俗称：小萱草。

特征：多年生草本。植株较矮小。根稍肉质，中下部有纺锤状膨大。叶长6~16 cm，宽4~6 mm。花葶长7~15 cm，顶端生单花，极少具2花；花梗长1~2 cm，为花葶的延续，无明显界限；苞片披针形或卵状披针形，长5~14 mm，宽3~4 mm；花被金黄色或橘黄色，外面稍带淡紫色；花被管长5~13 mm，花被裂片长5.2~7.0 cm，内三片宽1.2~1.5 cm。花期6月。

分布：利通区河岸公园绿地。原产云南等地，现种植于各地。

用途：观赏植物。

香蒲科 Typhaceae

香蒲属 *Typha* L.

水烛 *Typha angustifolia* L.

俗称：蜡烛草。

特征：多年生水生或沼生草本。根状茎黄色。地上茎直立，粗壮，高1.5~2.5 m。叶片长54~120 cm，宽0.4~0.9 cm，细胞间隙大，呈海绵状；叶鞘抱茎。雌雄花序相距2.5~6.9 cm；叶状苞片1~3枚，花后脱落；雌花序长15~30 cm，基部具1枚叶状苞片，花后脱落；白色丝状毛着生于子房柄基部。小坚果长椭圆形，长约1.5 mm；种子深褐色，长1.0~1.2 mm。花果期6—9月。

分布：黄河、湖泊和池塘近岸，沼泽草地。广泛分布于各地。

用途：净化水质、药材、工业原料。

达香蒲 *Typha davidiana*（Kronf.）Hand.-Mazz.

俗称：大卫香蒲。

特征：多年生水生或沼生草本。根状茎粗壮，地上茎直立，高约1 m。叶片长60~70 cm，宽3~5 mm，叶鞘长，抱茎。雌雄花序远离；雄花序长12~18 cm，穗轴光滑，基部具1枚叶状苞片，花后与花先后脱落；雌性花序长4.5~11.0 cm，直径1.5~2.0 cm，叶状苞片比叶宽，花后脱落；白色丝状毛着生于基部，长于不孕雌花。果实长1.3~1.5 mm；种子纺锤形。花果期5—8月。

分布：黄河、湖泊和池塘近岸，沼泽草地。广泛分布于各地。

用途：净化水质、药材、工业原料。

莎草科 Cyperaceae

三棱草属 *Bolboschoenus*（Asch.）Palla

扁秆荆三棱 *Bolboschoenus planiculmis*（F. Schmidt）T. V. Egorova

俗称：扁秆藨草。

特征：多年生草本。具匍匐根状茎和块茎。秆高60~100 cm，一般较细，三棱形，平滑，靠近花序部分粗糙，基部膨大，具秆生叶。叶扁平，宽2~5 mm，向顶部渐狭，具长叶鞘。叶状苞片1~3枚，常长于花序，边缘粗糙；长侧枝聚伞花序短缩成头状；小穗卵形或长圆状卵形，锈褐色，具多数花。小坚果宽倒卵形。花期5—6月，果期7—9月。

分布：黄河、湖泊和池塘岸边，沼泽地。全国广泛分布。

用途：饲草、药材。

水葱属 *Schoenoplectus*（Rchb.）Palla

剑苞水葱 *Schoenoplectus ehrenbergii*（Boeckeler）Sojak

俗称：剑苞藨草。

特征：多年生草本。具须根。秆高1 m多，锐三棱形，棱翅状，平滑，基部为长叶鞘所包裹。叶短于秆，宽6~10 mm，叶片基部折合，渐向上背面的中肋隆起呈翅状。苞片为秆的延长；长侧枝聚伞花序简单，假侧生，具2~5个辐射枝；辐射枝短或极短，顶端各具3~5个小穗；小穗长圆形或长圆状卵形，长8~10 mm，宽2~3 mm，具10余朵花。小坚果宽卵形。花果期8—10月。

分布：黄河、湖泊和池塘岸边，沼泽地。产于宁夏、甘肃和河北等地。

用途：饲草、药材。

水葱 *Schoenoplectus tabernaemontani*（C. C. Gmelin）Palla

俗称：水丈葱。

特征：多年生草本。秆圆柱状，高1~2 m，平滑，基部叶鞘3~4，鞘长达38 cm，膜质，最上部叶鞘具叶片。叶片线形，长1.5~11.0 cm；苞片1，为秆的延长，直立，钻状，常短于花序。长侧枝聚伞花序简单或复出，假侧生，辐射枝4~13，小穗单生或2~3簇生辐射枝顶端，卵形或长圆形，长0.5~1.0 cm，宽2.0~3.5 mm，多花。小坚果倒卵形或椭圆形。花果期6—9月。

分布：树木园湖近岸。全国广泛分布。

用途：净化水质、插花材料。

莎草属 *Cyperus* L.

褐穗莎草 *Cyperus fuscus* L.

俗称：北莎草。

特征：一年生草本。根系为须根。秆丛生，细弱，高6~30 cm，扁锐三棱形，平滑，基部具少数叶。叶常短于秆，宽2~4 mm。苞片2~3枚，叶状，长于花序；长侧枝聚伞花序复出，具3~5个第一次辐射枝；小穗5至10多个密聚成近头状花序，线状披针形或线形，长3~6 mm，宽约1.5 mm，稍扁平，具8~24朵花。小坚果椭圆形。花果期7—10月。

分布：部分湖泊近岸。中国北方广泛分布。

用途：饲草。

禾本科 Poaceae

臭草属 *Melica* L.

臭草 *Melica scabrosa* Trin.

俗称：毛臭草。

特征：多年生草本。须根细弱稠密。秆丛生，高20~90 cm，径1~3 mm，基部密生分蘖。叶鞘闭合近鞘口，常撕裂，光滑或微粗糙，下部者长于而上部者短于节间；叶舌透明膜质，叶片质扁平。圆锥花序狭窄；小穗淡绿色或乳白色，长5~8 mm；外稃顶端尖或钝且为膜质，内稃短于外稃或相等倒卵形；雄蕊3，花药长约1.3 mm。颖果褐色纺锤形。花果期5—8月。

分布：吴忠尚荣园林地。广泛分布于我国东北、华北和西北地区。

用途：饲草、药材。

针茅属 *Stipa* L.

长芒草 *Stipa bungeana* Trin.

俗称：莎草。

特征：多年生草本。秆丛生，基部膝曲，高20~60 cm。叶鞘光滑无毛或边缘具纤毛；基生叶舌钝圆形，秆生者披针形，长3~5 mm，两侧下延与叶鞘边缘结合，先端常两裂；叶片纵卷似针状。圆锥花序为顶生叶鞘所包，成熟后渐抽出，长约20 cm，每节有2~4细弱分枝小穗灰绿色或紫色；芒两回膝曲扭转；内稃与外稃等长。颖果长圆柱形。花果期6—8月。

分布：黄河岸边绿地。广泛分布于我国西部地区。

用途：饲料、水土保持。

芨芨草属 *Neotrinia*（Tzvelev）M. Nobis, P. D. Gudkova & A.Nowak

芨芨草 *Neotrinia splendens*（Trin.）M. Nobis, P. D. Gudkova & A. Nowak

俗称：芨芨。

特征：多年生草本。植株具粗而坚韧外被砂套的须根。秆直立，坚硬，内具白色的髓，形成大的密丛，高50~250 cm，径3~5 mm。叶舌三角形或尖披针形，长5~10 mm；叶片纵卷，质坚韧，长30~60 cm。圆锥花序长30~60 cm，开花时呈金字塔形开展。小穗长4.5~7.0 mm；颖膜质披针形；外稃长4~5 mm，厚纸质；内稃长3~4 mm，顶端具毫毛。花果期6—9月。

分布：黄河两岸绿地及路旁。广泛分布于我国西北和东北地区。

用途：饲料、工业原料、盐碱地改良。

赖草属 *Leymus* Hochst.

羊草 *Leymus chinensis*（Trin.）Tzvel.

俗称：碱草。

特征：多年生草本。具下伸或横走根茎，须根具沙套。秆散生，直立，高40~90 cm，具4~5节。叶鞘光滑，基部残留叶鞘呈纤维状；叶舌截平，顶具裂齿，纸质；叶片长7~18 cm，宽3~6 mm，扁平或内卷。穗状花序直立，长7~15 cm；小穗长10~22 mm，含5~10小花；外稃披针形；内稃与外稃等长；花药长3~4 mm。花果期6—8月。

分布：公园绿地。广泛分布于我国东北、西北和华北地区。

用途：饲料。

拂子茅属 *Calamagrostis* Adans.

拂子茅 *Calamagrostis epigeios*（L.）Roth

俗称：水茅草。

特征：多年生草本。具根状茎。秆直立，高45~100 cm，径2~3 mm。叶鞘平滑或稍粗糙，短于或基部者长于节间；叶舌膜质，长5~9 mm，长圆形，先端易破裂；叶片长15~27 cm，宽4~8 mm，扁平或边缘内卷。圆锥花序紧密，圆筒形；小穗长5~7 mm，淡绿色或带淡紫色；外稃透明膜质，内稃长约为外稃2/3；雄蕊3，花药黄色，长约1.5 mm。花果期5—9月。

分布：林地、草地和水岸。全国广泛分布。

用途：饲草、固堤护岸。

燕麦属 *Avena* L.

野燕麦 *Avena fatua* L.

俗称：燕麦草。

特征：一年生草本。须根较坚韧。秆直立，光滑无毛，高60~120 cm。叶鞘松弛，叶舌透明膜质；叶片扁平，长10~30 cm，宽4~12 mm。圆锥花序开展，金字塔形，长10~25 cm；小穗长18~25 mm，含2~3小花；外稃质地坚硬，背面中部以下具淡棕色或白色硬毛，芒自稃体中部稍下处伸出。颖果被淡棕色柔毛。花果期4—9月。

分布：道路两侧。广布于我国各地。

用途：饲料。

碱茅属 *Puccinellia* Parl.

碱茅 *Puccinellia distans*（L.）Parl.

俗称：星星草。

特征：多年生草本。秆直立，丛生或基部偃卧，节着土生根，高20~30 cm，常压扁。叶鞘长于节间，顶生者长约10 cm；叶舌长1~2 mm，截平或齿裂；叶片线形，长2~10 cm，宽1~2 mm，扁平或对折。圆锥花序开展；小穗含5~7小花，长4~6 mm；外稃顶端截平或钝圆，基部有短柔毛；内稃等长或稍长于外稃；花药长约0.8 mm。颖果纺锤形，长约1.2 mm。花果期5—7月。

分布：利通区沿黄河休闲步道。广泛分布于中国北方地区。

用途：饲料。

看麦娘属 *Alopecurus* L.

苇状看麦娘 *Alopecurus arundinaceus* Poir.

俗称：大看麦娘。

特征：多年生草本。具根茎。秆直立，单生或少数丛生，高20~80 cm。叶鞘松弛大都短于节间；叶舌膜质，长约5 mm；叶片斜向上升，长5~20 cm，宽3~7 mm。圆锥花序长圆状圆柱形，长2.5~7.0 cm，宽6~10 mm，灰绿色；小穗长4~5 mm，卵形；外稃较颖短，先端钝，具微毛，芒近于光滑；雄蕊3，花药黄色，长2.5~3.0 mm。花果期7—9月。

分布：吴忠滨河体育运动公园绿地。分布于我国东北和西北地区。

用途：饲料、药材。

早熟禾属 *Poa* L.

草地早熟禾 *Poa pratensis* L.

俗称：多花早熟禾。

特征：多年生草本。具发达的匍匐根状茎。秆疏丛生，直立，高50~90 cm。叶鞘长于其节间；叶舌膜质，长1~2 mm，蘖生者较短；叶片线形，扁平或内卷，长30 cm左右，宽3~5 mm。圆锥花序金字塔形或卵圆形，长10~20 cm，宽3~5 cm；小穗卵圆形，绿色至草黄色，含3~4小花，长4~6 mm；外稃膜质，内稃较短于外稃。颖果纺锤形。花期5—6月，7—9月结实。

分布：黄河两岸林下或草地。分布于全国大部分地区。

用途：饲料、草坪草。

芦苇属 *Phragmites* Adans.

芦苇 *Phragmites australis*（Cav.）Trin. ex Steud.

俗称：蒹葭。

特征：多年生草本。根状茎十分发达。秆直立，高1~3 m，直径1~4 cm。叶鞘下部者短于上部者；叶舌边缘密生一圈长约1 mm 的短纤毛，两侧缘毛长3~5 mm 易脱落；叶片披针状线形，长30 cm，宽2 cm，无毛，顶端长渐尖成丝形。圆锥花序大型，长20~40 cm，宽约10 cm。内稃长约3 mm；花药长1.5~2.0 mm，黄色。颖果长约1.5 mm。花期7月，果期8—11月。

分布：黄河、湖泊和池塘近岸，沼泽地。全国广泛分布。

用途：固堤护岸、净化水质、工业原料。

画眉草属 *Eragrostis* Wolf

小画眉草 *Eragrostis minor* Host

俗称：星星草。

特征：一年生草本。秆纤细，丛生，膝曲上升，高15~50 mm，径1~2 mm。叶鞘较节间短，松裹茎，叶鞘脉上有腺体，鞘口有长毛；叶舌为一圈长柔毛；叶片线形，平展或卷缩，长3~15 cm，宽2~4 mm，下面光滑，上面粗糙并疏生柔毛，主脉及边缘都有腺体。圆锥花序开展而疏松，长6~15 cm，宽4~6 cm。颖果红褐色，近球形，径约0.5 mm。花果期6—9月。

分布：利通区沿黄河休闲步道。广布于全国各地。

用途：饲料。

虎尾草属 *Chloris* Sw.

虎尾草 *Chloris virgata* Sw.

俗称：棒槌草。

特征：一年生草本。秆直立或基部膝曲，高12~75 cm，径1~4 mm，光滑无毛。叶鞘背部具脊，包卷松弛，无毛；叶舌长约1 mm，无毛或具纤毛；叶片线形，长3~25 cm，宽3~6 mm。穗状花序5至10余枚，长1.5~5.0 cm，指状着生于秆顶，常直立而并拢成毛刷状，有时包藏于顶叶之膨胀叶鞘中，成熟时常带紫色。颖果纺锤形。花果期6—10月。

分布：黄河两岸林地和草地。广泛分布于全国各省（区、市）。

用途：饲料。

马唐属 *Digitaria* Haller

止血马唐 *Digitaria ischaemum*（Schreb.）Schreb.

俗称：马唐。

特征：一年生。秆直立或基部倾斜，高15~40 cm，下部常有毛。叶鞘具脊，无毛或疏生柔毛；叶舌长约0.6 mm；叶片扁平，线状披针形，长5~12 cm，宽4~8 mm，顶端渐尖，基部近圆形，多少生长柔毛。总状花序长2~9 cm，具白色中肋，两侧翼缘粗糙。小穗长2.0~2.2 mm，宽约1 mm，2~3枚着生于各节。花果期6—11月。

分布：利通区沿黄河休闲步道。广泛分布于我国多数省（区、市）。

用途：药材、饲料。

狗尾草属 *Setaria* P. Beauv.

狗尾草 *Setaria viridis*（L.）Beauv.

俗称：谷莠子。

特征：一年生草本。根为须状，高大植株具支持根。秆直立或基部膝曲，高10~100 cm，基部径达3~7 mm。叶鞘松弛，边缘具较长纤毛；叶舌极短，缘有长1~2 mm的纤毛；叶片扁平，长三角状狭披针形或线状披针形，先端长渐尖或渐尖，基部钝圆形，长4~30 cm，宽2~18 mm。圆锥花序紧密呈圆柱状或基部稍疏离，直立或稍弯垂。颖果灰白色。花果期5—10月。

分布：黄河两岸林地和草地。全国广泛分布。

用途：饲料。

稗属 *Echinochloa* P. Beauv.

稗 *Echinochloa crus-galli*（L.）P. Beauv.

俗称：旱稗。

特征：一年生草本。秆高50~150 cm，光滑无毛，基部倾斜或膝曲。叶鞘疏松裹秆，平滑无毛，下部者长于而上部者短于节间；叶舌缺；叶片扁平，线形，长10~40 cm，宽5~20 mm，无毛，边缘粗糙。圆锥花序直立，近尖塔形，长6~20 cm。小穗卵形，长3~4 mm，脉上密被疣基刺毛；外稃草质，第二外稃椭圆形，边缘内卷，包着同质的内稃。花果期夏秋季。

分布：黄河两岸潮湿草地。分布几乎遍及全国。

用途：饲料。

金鱼藻科 Ceratophyllaceae

金鱼藻属 *Ceratophyllum* L.

金鱼藻 *Ceratophyllum demersum* L.

俗称：细草。

特征：多年生沉水草本；茎长40~150 cm，平滑，具分枝。叶4~12轮生，1~2次二叉状分歧，裂片丝状，或丝状条形，长1.5~2.0 cm，宽0.1~0.5 mm，先端带白色软骨质，边缘仅一侧有数细齿。花直径约2 mm；苞片9~12，条形，长1.5~2.0 mm，浅绿色，透明，先端有3齿及带紫色毛；雄蕊10~16，微密集；子房卵形，花柱钻状。坚果宽椭圆形。花期6—7月，果期8—10月。

分布：黄河两岸湖泊、池塘和沼泽。全国广泛分布。

用途：饲料、药材。

小檗科 Berberidaceae

小檗属 *Berberis* L.

紫叶小檗 *Berberis thunbergii* 'Atropurpurea'

俗称：红叶小檗。

特征：落叶灌木。叶菱状卵形，紫红色。花2~5朵成具短总梗并近簇生的伞形花序，或无总梗而呈簇生状，花梗长5~15 mm，花被黄色；小苞片带红色，长约2 mm，急尖；外轮萼片卵形，长4~5 mm，宽约2.5 mm；花瓣长圆状倒卵形，长5.5~6.0 mm，宽约3.5 mm；雄蕊长3.0~3.5 mm，花药先端截形。浆果红色，椭圆体形，长约10 mm。花期4—6月，果期7—10月。

分布：利通区黄河沿岸绿地。原产日本，广泛种植于全国大部分地区。

用途：绿化。

毛茛科 Ranunculaceae

碱毛茛属 *Halerpestes* Greene

碱毛茛 *Halerpestes sarmentosa*（Adams）Komarov & Alissova

俗称：圆叶碱毛茛。

特征：多年生草本。匍匐茎细长，横走。叶多数；叶片纸质，多近圆形，或肾形、宽卵形，长0.5~2.5 cm；叶柄长2~12 cm。花葶1~4条，高5~15 cm；苞片线形；花小，直径6~8 mm；萼片绿色，卵形，长3~4 mm；花瓣5，狭椭圆形，与萼片近等长。聚合果椭圆球形，直径约5 mm；瘦果小而极多，斜倒卵形。花果期5—9月。

分布：树木园湖岸。广泛分布于北方省（区）盐碱性沼泽地或湖边。

用途：药材、盐碱地改良。

莲科 Nelumbonaceae

莲属 *Nelumbo* Adans.

莲 *Nelumbo nucifera* Gaertn.

俗称：荷花、莲花。

特征：多年生水生草本。根状茎横生，内有多数纵行通气孔道，下生须状不定根。叶圆形，盾状，直径25~90 cm，全缘稍呈波状，上面光滑，具白粉，下面叶脉从中央射出；叶柄粗壮，圆柱形，长1~2 m，中空。花梗和叶柄等长或稍长；花直径10~20 cm，花瓣长5~10 cm，宽3~5 cm；花药条形，花丝细长，着生在花托之下。坚果椭圆形或卵形。花期6—8月，果期8—10月。

分布：黄河两岸湖泊和池塘。广泛分布于全国各地。

用途：观赏植物、蔬菜、药材。

芍药科 Paeoniaceae

芍药属 *Paeonia* L.

芍药 *Paeonia lactiflora* Pall.

俗称：赤芍、白芍。

特征：多年生草本。根粗壮。茎高40~70 cm。下部茎生叶为二回三出复叶，上部茎生叶为三出复叶；小叶狭卵形，椭圆形或披针形，顶端渐尖，基部楔形或偏斜。花数朵，生茎顶和叶腋，直径8.0~11.5 cm；苞片4~5，披针形；萼片4，宽卵形或近圆形；花瓣9~13，倒卵形，长3.5~6.0 cm，宽1.5~4.5 cm。蓇葖长2.5~3.0 cm，直径1.2~1.5 cm，顶端具喙。花期5—6月，果期8月。

分布：湿地保护管理中心院内。我国北方地区均有种植。

用途：观赏花卉、药材。

景天科 Crassulaceae

八宝属 *Hylotelephium* H. Ohba

长药八宝 *Hylotelephium spectabile*（Bor.）H. Ohba

俗称：八宝景天。

特征：多年生草本。茎直立，高30~70 cm。叶对生，或3叶轮生，卵形至宽卵形，或长圆状卵形，长4~10 cm，宽2~5 cm，先端急尖，钝，基部渐狭，全缘或多少有波状牙齿。花序大形，伞房状，顶生，直径7~11 cm；花密生，直径约1 cm，萼片5，线状披针形至宽披针形，长1 mm，渐尖；花瓣5，淡紫红色至紫红色，花药紫色。花期8—9月，果期9—10月。

分布：黄河两岸公园绿地。原产于东北和华北地区，现种植广泛。

用途：观赏植物、药材。

费菜属 *Phedimus* Raf.

费菜 *Phedimus aizoon* L.

俗称：三七景天。

特征：多年生草本。根状茎短，粗茎高20~50 cm，有1~3条茎，直立。叶互生，狭披针形、椭圆状披针形至卵状倒披针形，长3.5~8.0 cm，宽1.2~2.0 cm，先端渐尖，基部楔形，边缘有不整齐的锯齿；叶坚实，近革质。聚伞花序有多花，水平分枝，平展，下托以苞叶；萼片5，线形，肉质，不等长；花瓣5，黄色；雄蕊10，较花瓣短。花期6—7月，果期8—9月。

分布：黄河两岸公园绿地。在中国很多省区有分布和种植。

用途：观赏植物、药材。

小二仙草科 Haloragaceae

狐尾藻属 *Myriophyllum* L.

穗状狐尾藻 *Myriophyllum spicatum* L.

俗称：金鱼藻。

特征：多年生沉水草本。根状茎发达，在水底泥中蔓延，节部生根。茎圆柱形，长1.0~2.5 m，分枝极多。叶常轮生，长3.5 cm，丝状全细裂，叶的裂片约13对，细线形，裂片长1.0~1.5 cm；叶柄极短。花两性、单性或杂性，雌雄同株，常4朵轮生，长6~10 cm，生于水面上。分果广卵形或卵状椭圆形。花期从春到秋陆续开放，4—9月陆续结果。

分布：黄河两岸湖泊和池塘。广布与全国各地。

用途：药材、饲料。

葡萄科 Vitaceae

地锦属 *Parthenocissus* Planch.

五叶地锦 *Parthenocissus quinquefolia*（L.）Planch.

俗称：美国爬山虎。

特征：木质藤本。小枝圆柱形。卷须顶端嫩时尖细卷曲，后遇附着物扩大成吸盘。叶为掌状5小叶，小叶倒卵圆形、倒卵椭圆形或外侧小叶椭圆形，长5.5~15.0 cm，宽3~9 cm，边缘有粗锯齿，上面绿色，下面浅绿色；叶柄长5.0~14.5 cm，小叶有短柄或几无柄。花序假顶生形成主轴明显的圆锥状多歧聚伞花序。果实球形；种子倒卵形。花期6—7月，果期8—10月。

分布：黄河公园附近绿地。原产北美，在我国东北和华北广泛种植。

用途：绿化。

蒺藜科 Zygophyllaceae

蒺藜属 *Tribulus* L.

蒺藜 *Tribulus terrestris* Linnaeus

俗称：白蒺藜。

特征：一年生草本。茎平卧。偶数羽状复叶；小叶对生，3~8对，矩圆形或斜短圆形，长5~10 mm，宽2~5 mm，被柔毛，全缘。花腋生，花梗短于叶，花黄色；萼片5，花瓣5，雄蕊10。果有分果瓣5，硬度大，长4~6 mm，中部边缘有锐刺2枚，下部常有小锐刺2枚，其余部位常有小瘤体。花期5—8月，果期6—9月。

分布：黄河沿岸林下和草地。广泛分布于全国各地。

用途：药材。

豆科 Leguminosae

野决明属 *Thermopsis* R. Br.

披针叶野决明 *Thermopsis lanceolata* R. Br.

俗称：披针叶黄华。

特征：多年生草本。高12~30 cm。茎直立，分枝或单一，具沟棱，被黄白色贴伏或伸展柔毛。3小叶；叶柄短，长3~8 mm；托叶叶状；小叶狭长圆形、倒披针形，长2.5~7.5 cm，宽5~16 mm，上面通常无毛，下面多少被贴伏柔毛。总状花序顶生，长6~17 cm，具花2~6轮，排列疏松。荚果线形，长5~9 cm，宽7~12 mm；种子6~14粒、圆肾形。花期5—7月，果期6—10月。

分布：青铜峡黄河楼景区周边绿地。广泛分布于西北和华北地区。

用途：药材。

苦参属 *Sophora* L.

苦豆子 *Sophora alopecuroides* L.

俗称： 苦参。

特征： 多年生草本。高0.3~1.0 m。枝被白色柔毛。羽状复叶；叶柄长1~2 cm；小叶7~13对，对生或近互生，纸质，披针状长圆形或椭圆状长圆形，长15~30 mm，宽约10 mm，上面被疏柔毛，下面毛被较密。总状花序顶生；花多数，密生；花梗长3~5 mm；花冠白色或淡黄色。荚果串珠状，长8~13 cm，具多数种子；种子卵球形。花期5—6月，果期8—10月。

分布： 黄河两岸林下或荒草地。广泛分布于西北和华北地区。

用途： 药材、工业原料。

紫穗槐属 *Amorpha* L.

紫穗槐 *Amorpha fruticosa* L.

俗称：紫槐、棉条。

特征：落叶灌木。丛生，高1~4 m。小枝灰褐色，被疏毛，后变无毛，嫩枝密被短柔毛。叶互生，奇数羽状复叶，长10~15 cm，有小叶11~25片，基部有线形托叶；小叶卵形或椭圆形，长1~4 cm，宽0.6~2.0 cm，下面有白色短柔毛。穗状花序常1至数个顶生和枝端腋生，长7~15 cm。荚果下垂，长6~10 mm，宽2~3 mm，表面有凸起的疣状腺点。花、果期5—10月。

分布：黄河沿岸绿地及公园绿地。原产于美国，现在中国北方种植广泛。

用途：绿化、绿肥、饲料、固堤护坡。

胡枝子属 *Lespedeza* Michx.

兴安胡枝子 *Lespedeza davurica*（Laxmann）Schindler

俗称：达呼里胡枝子。

特征：小灌木。高达0.3~1.0 m。茎通常稍斜升，单一或数个簇生。羽状复叶具3小叶；小叶长圆形或狭长圆形，长2~5 cm，宽5~16 mm，先端圆形或微凹，有小刺尖，基部圆形，上面无毛，下面被贴伏短柔毛。总花梗密生短柔毛；小苞片披针状线形，有毛；花萼5深裂，外面被白毛；花冠白色或黄白色。荚果小，长3~4 mm。花期7—8月，果期9—10月。

分布：利通区黄河沿岸绿地。分布于我国东北、华北和西南地区。

用途：饲料、绿肥、水土保持。

大豆属 *Glycine* Willd.

野大豆 *Glycine soja* Siebold & Zucc.

俗称：乌豆、野黄豆。

特征：一年生缠绕草本，长1~4 m。茎、小枝纤细，全体疏被褐色长硬毛。叶具3小叶，长可达14 cm。总状花序通常短；花小，长约5 mm；花梗密生黄色长硬毛；苞片披针形；花萼钟状，密生长毛，裂片5，三角状披针形，先端锐尖；花冠淡红紫色或白色。荚果长圆形，长17~23 mm，宽4~5 mm，密被长硬毛；种子2~3颗，褐色至黑色。花期7—8月，果期8—10月。

分布：黄河两岸草地及公园绿地。除新疆、青海和海南外，遍布全国。野大豆为国家二级重点保护野生植物，应对其进行重点保护。

用途：大豆育种植物材料。

百脉根属 *Lotus* L.

百脉根 *Lotus corniculatus* L.

俗称：五叶草、牛角草。

特征：多年生草本。高15～50 cm，全株散生稀疏白色柔毛。茎丛生，平卧或上升，近四棱形。羽状复叶小叶5枚，顶端3小叶，基部2小叶呈托叶状，纸质，斜卵形至倒披针状卵形。伞形花序；总花梗长3～10 cm；花3～7朵集生于总花梗顶端，长9～15 mm；花冠黄色，干后常变蓝色。荚果直，线状圆柱形，长20～25 mm；种子细小，卵圆形。花期5—9月，果期7—10月。

分布：利通区黄河沿岸绿地。分布于西北、西南和长江中上游省区。

用途：观赏植物、饲料、蜜源。

刺槐属 *Robinia* L.

刺槐 *Robinia pseudoacacia* L.

俗称：洋槐。

特征：乔木。树皮灰褐色至黑褐色，浅裂至深纵裂，稀光滑。小枝灰褐色，幼时有棱脊，微被毛，后无毛；具托叶刺，长达2 cm；冬芽小，被毛。羽状复叶长10~25 cm；小叶2~12对，常对生，椭圆形。总状花序，花序腋生，长10~20 cm，下垂，花多数，芳香。荚果褐色，线状长圆形，长5~12 cm，宽1.0~1.3 cm；种子褐色至黑褐色，近肾形。花期4—6月，果期8—9月。

分布：黄河两岸林地。原产于美国，全国各地均有种植。

用途：水土保持、蜜源、木材。

甘草属 *Glycyrrhiza* L.

甘草 *Glycyrrhiza uralensis* Fisch.

俗称：甜根子、甜草。

特征：多年生草本。根与根状茎粗壮，直径1~3 cm，外皮褐色，里面淡黄色，具甜味。茎直立，多分枝，高30~120 cm，密被绒毛。叶长5~20 cm；小叶5~17枚，卵形，长1.5~5.0 cm，宽0.8~3.0 cm，两面均密被黄褐色腺点及短柔毛。总状花序腋生，花冠紫色、白色或黄色。荚果弯曲呈镰刀状或呈环状，种子暗绿色圆形或肾形。花期6—8月，果期7—10月。

分布：黄河两岸林下偶有分布。广泛分布于东西、西北和华北地区。甘草为国家二级重点保护野生植物，应避免其生长受到人为干扰。

用途：药材（人工种植）。

米口袋属 *Gueldenstaedtia* Fisch.

米口袋 *Gueldenstaedtia verna*（Georgi）Boriss.

俗称：少花米口袋。

特征：多年生草本。主根细长，分茎较缩短，具宿存托叶。叶长1.5~15.0 cm，被疏柔毛；叶柄约为叶长的2/5；小叶7~19片，早春生的小叶卵形，夏秋的线形，长0.2~3.5 cm，宽1~6 mm，先端急尖，钝头或截形，顶端具细尖，两面被疏柔毛。伞形花序具2~3朵花；总花梗纤细，被白色疏柔毛。种子肾形，直径1.5 mm。花期4月，果期5—6月。

分布：树木园林下草地。主要分布于华北、西北和华南地区。

用途：饲料、药材。

黄芪属 *Astragalus* L.

斜茎黄芪 *Astragalus laxmannii* Jacq.

俗称：沙打旺、直立黄耆。

特征：多年生草本。高15~20 cm。根粗壮。茎直立或外倾，有条棱，近无毛或被稀疏伏贴毛。羽状复叶有19~29片小叶，长3~15 cm；小叶长圆状椭圆形，长5~25 mm，宽2~7 mm，两面被稀疏伏贴毛。总状花序生多数花，排列紧密，总花梗腋生；花冠淡蓝紫色或乳白色。荚果长圆形，长6~7 mm，宽约2.5 mm。花期7—8月，果期8—9月。

分布：利通区黄河沿岸绿地。原产于新疆和青海，西北地区种植较多。

用途：绿化、饲料、药材。

苦马豆属 *Sphaerophysa* DC.

苦马豆 *Sphaerophysa salsula*（Pall.）DC.

俗称：红花苦豆子、羊尿泡。

特征：半灌木或多年生草本。茎直立或下部匍匐，高0.3~0.6 m。枝开展，具纵棱脊，被灰白毛。小叶11~21片，倒卵形至倒卵状长圆形，先端微凹至圆，上面疏被毛至无毛；小叶柄短，被白色细柔毛。总状花序常较叶长，长6.5~13.0 cm，生6~16花；花冠初呈鲜红色，后变紫红色。荚果椭圆形至卵圆形，膨胀；种子肾形至近半圆形。花期5—8月，果期6—9月。

分布：黄河两岸盐碱林草地。主要分布于我国东北、西北和华北地区。

用途：药材、绿肥。

苜蓿属 *Medicago* L.

苜蓿 *Medicago sativa* L.

俗称：紫花苜蓿、紫苜蓿。

特征：多年生草本。株高0.3~1.0 m。茎直立、丛生以至平卧，四棱形，无毛或微被柔毛。羽状三出复叶；小叶长卵形、倒长卵形或线状卵形，等大，或顶生小叶稍大，长1~4 cm，边缘具锯齿，上面无毛，下面被贴伏柔毛。花序总状或头状，长1.0~2.5 cm，具5~10花；花冠淡黄、深蓝或暗紫色荚果螺旋状。种子卵圆形，平滑。花期5—7月，果期6—8月。

分布：黄河两岸路旁和绿地。原产于中亚，全国各地均有栽培。

用途：饲料、绿化。

天蓝苜蓿 *Medicago lupulina* L.

俗称：天蓝。

特征：一、二年生或多年生草本。株高15~60 cm，全株被柔毛或有腺毛。主根浅，须根发达。茎平卧或上升，多分枝，叶茂盛。羽状三出复叶；小叶倒卵形、阔倒卵形或倒心形，长5~20 mm，宽4~16 mm，纸质。花序小头状，具花10~20朵；总花梗细，挺直，比叶长，密被贴伏柔毛；花冠黄色。荚果肾形，有种子1粒；种子卵形，褐色，平滑。花期7—9月，果期8—10月。

分布：利通区黄河沿岸绿地。在我国各地广泛分布。

用途：饲料、绿化。

草木樨属 *Melilotus*（L.）Mill.

黄香草木樨 *Melilotus officinalis*（L.）Pall.

俗称：黄花草木樨、草木犀。

特征：二年生草本。高40~100 cm。茎直立，粗壮，多分枝，具纵棱，微被柔毛。羽状三出复叶；叶柄细长；小叶倒卵形、阔卵形、倒披针形至线形，长15~25 mm，宽5~15 mm，先端钝圆或截形，基部阔楔形，边缘具不整齐疏浅齿，上面无毛，下面散生短柔毛。总状花序长6~15 cm，腋生，具花30~70朵。荚果卵形；种子卵形，黄褐色。花期5—9月，果期6—10月。

分布：黄河两岸路旁和草地。广泛分布或种植于全国各地。

用途：饲料、药材。

车轴草属 *Trifolium* L.

白车轴草 *Trifolium repens* L.

俗称：白花车轴草、白三叶。

特征：多年生草本。株高10~30 cm。主根短，侧根和须根发达。茎匍匐蔓生，上部稍上升，节上生根，全株无毛。掌状三出复叶；小叶倒卵形至近圆形，长8~20 mm，宽8~16 mm，叶面上常有白斑。小叶柄长1.5 mm，微被柔毛。花序球形，顶生，直径15~40 mm。荚果长圆形；种子通常3粒，种子阔卵形。花果期5—10月。

分布：利通区黄河沿线绿地。原产于欧洲和北非，我国各地有种植或逸生。

用途：饲料、绿化、绿肥。

红车轴草 *Trifolium pratense* L.

俗称：红花车轴草、红三叶。

特征：多年生草本。主根深入土层达1 m。茎粗壮，具纵棱，直立或平卧上升，疏生柔毛或秃净。掌状三出复叶；小叶卵状椭圆形至倒卵形，长1.5~3.5 cm，宽1~2 cm，两面疏生褐色长柔毛，叶面上常有白斑。花序球状或卵状，顶生；花长12~14 mm；几无花梗。荚果卵形；通常有1粒扁圆形种子。花果期5—9月。

分布：利通区黄河沿线绿地。原产于欧洲，我国各地有种植或逸生。

用途：饲料、绿化、绿肥。

蔷薇科 Rosaceae

蔷薇属 *Rosa* L.

玫瑰 *Rosa rugosa* Thunb.

俗称：刺玫。

特征：灌木。小枝有皮刺。小叶椭圆形或椭圆状倒卵形，有锯齿，叶面无毛，叶背密被绒毛和腺毛。花单生叶腋或数朵簇生，径4.0~5.5 cm；花瓣紫红或白色，芳香，半重瓣至重瓣，倒卵形；花柱离生，被毛，稍伸出花萼，短于雄蕊。蔷薇果扁球形，熟时砖红色，肉质，平滑，萼片宿存。花期5—6月，果期8—9月。

分布：黄河两岸绿地。原产我国华北，各地均有栽培。

用途：观赏花卉、药材。

月季花 *Rosa chinensis* Jacq.

俗称：月月红。

特征：灌木。有多种栽培品种。小枝近无毛，有短粗钩状皮刺或无刺。小叶3~5，宽卵形或卵状长圆形，长2.5~6.0 cm，有锐锯齿，两面近无毛。花几朵集生，稀单生，径4~5 cm，花瓣重瓣至半重瓣，红、粉红或白色，倒卵形，先端有凹缺，花柱离生，伸出花萼，约与雄蕊等长。蔷薇果卵圆形或梨形，熟时红色。花期4—9月，果期6—11月。

分布：黄河两岸绿地。原产中国，各地普遍栽培。

用途：观赏花卉、药材。

黄刺玫 *Rosa xanthina* Lindl.

俗称：黄刺梅。

特征：灌木。高2~3 m。枝密集，披散；小枝无毛，有散生皮刺。小叶7~13，宽卵形或近圆形，长0.8~2.0 cm，上面无毛，下面幼时被稀疏柔毛，渐脱落。花单生叶腋，重瓣或半重瓣，黄色，径3~4（5）cm，无苞片；花瓣宽倒卵形，先端微凹；花柱离生，被长柔毛，微伸出萼筒。蔷薇果近球形或倒卵圆形，熟时紫褐或黑褐色，径0.8~1.0 cm，无毛。花期4—6月，果期7—8月。

分布：树木园林下绿地。东北、华北各地庭园习见栽培。

用途：观赏花卉、工业原料。

委陵菜属 *Potentilla* L.

匍匐委陵菜 *Potentilla reptans* L.

俗称：细蔓委陵菜。

特征：多年生匍匐草本。节生不定根。基生叶为足状5出复叶，连叶柄长长7~12 cm，小叶倒卵形或倒卵圆形，有急尖或圆钝锯齿，两面绿色，纤匍枝叶上与基生叶相似。单花自叶腋生或与叶对生，花径1.5~2.2 cm；萼片卵状披针形；花瓣黄色，宽倒卵形，先端下凹，比萼片稍长；花柱近顶生，基部细，柱头扩大。瘦果卵圆形，熟时黄褐色被点纹。花果期6—8月。

分布：树木园林下绿地。广泛分布于我国西北、华北和西南地区。

用途：绿化、药材。

朝天委陵菜 *Potentilla supina* L.

俗称：铺地委陵菜。

特征：一年生或二年生草本。茎平展，上升或直立，叉状分枝，长20~50 cm。基生叶羽状复叶，小叶2~5对；小叶无柄，最上面1~2对小叶基部下延与叶轴合生，小叶片长圆形或倒卵状长圆形。花自叶腋生，顶端呈伞房状聚伞花序，花直径0.6~0.8 cm；萼片三角卵形；花瓣黄色，倒卵形，顶端微凹。瘦果长圆形，先端尖，表面具脉纹。花果期3—10月。

分布：利通区黄河沿岸休闲步道。全国广泛分布。

用途：药材。

李属 *Prunus* L.

山桃 *Prunus davidiana*（Carrière）Franch.

俗称：苦桃。

特征：乔木。树皮暗紫色，光滑。小枝细长，幼时无毛。叶卵状披针形，长5~13 cm，先端渐尖，基部楔形，两面无毛，具细锐锯齿。花单生，先叶开放；花萼无毛，萼筒钟形，萼片紫色；花瓣倒卵形或近圆形，长1.0~1.5 cm，粉红色，先端钝圆，稀微凹。核果近球形，径2.5~3.5 cm，密被柔毛，果肉薄而干，不可食，成熟时不裂。花期3—4月，果期7—8月。

分布：利通区黄河沿岸绿地。广泛分布于华北、西北和西南等地。

用途：果树砧木、绿化、观赏、药材。

桃 *Prunus persica* L.

俗称：桃子。

特征：乔木。小枝无毛；冬芽被柔毛。叶披针形，先端渐尖，基部宽楔形，具锯齿；花单生，先叶开放，径2.5~3.5 cm。花梗极短或几无梗；萼筒钟形，被柔毛，萼片卵形或长圆形，被柔毛；花瓣长圆状椭圆形或宽倒卵形，粉红色，稀白色，花药绯红色。核果卵圆形，成熟时向阳面具红晕；花期3—4月，果期8—9月。

分布：黄河两岸公园绿地。原产我国，各省及世界各地均有栽植。

用途：观赏、水果。

榆叶梅 *Prunus triloba* Lindl.

俗称：小桃红。

特征：灌木。一年生枝叶互。生叶宽椭圆形或倒卵形，长2~6 cm，先端短渐尖，常3裂，基部宽楔形，具粗锯齿或重锯齿；叶柄长0.5~1.0 cm，被柔毛。花1~2朵，先叶开放，径2~3 cm；萼筒宽钟形，萼片卵形或卵状披针形；花瓣近圆形或宽倒卵形，长0.6~1.0 cm，粉红色。核果近球形，熟时红色，被柔毛，果肉薄，熟时开裂。花期4—5月，果期5—7月。

分布：黄河两岸公园绿地。广泛分布和种植于我国北方和华东地区。

用途：观赏。

山杏 *Prunus sibirica* L.

俗称：西伯利亚杏。

特征：灌木或小乔木。株高2~5 m。叶卵形或近圆形，先端长渐尖或尾尖，基部圆或近心形，有细钝锯齿，两面无毛。花单生，径1.5~2.0 cm，先叶开放；花萼紫红色，萼筒钟形；萼片长圆状椭圆形，先端尖，花后反折；花瓣近圆形或倒卵形，白或粉红色；雄蕊几与花瓣近等长；核果扁球形，径1.5~2.5 cm，熟时黄或橘红色。花期3—4月，果期6—7月。

分布：黄河两岸绿地。广泛分布于东北、西北和华北地区。

用途：观赏、水土保持、果树砧木、药材、工业原料。

杏 *Prunus armeniaca* L.

俗称：杏树。

特征：乔木。树冠开阔，圆球形或扁球形。小枝红褐色。叶广卵形，长5~10 cm，宽4~8 cm，先端短尖或尾状尖，锯齿圆钝，两面无毛或仅背面有簇毛。花芽2或3个在枝侧集生，每个花芽内一花；花先叶开放，白色至淡粉红色；花萼鲜绛红色；果实近球形，黄色或带红晕，径2.5~3.0 cm，有细柔毛；果核平滑。花期3—4月，果 6—7月成熟。

分布：吴忠神农岛林地。全国各地多有栽培。

用途：水果、观赏。

苹果属 *Malus* Mill.

苹果 *Malus pumila* Mill.

俗称：西洋苹果。

特征：乔木。幼枝密被绒毛；冬芽卵圆形。叶椭圆形、卵形或宽椭圆形，长4.5~10.0 cm，基部宽楔形或圆，具圆钝锯齿，幼时两面具短柔毛，老后上面无毛。伞形花序，具3~7花，集生枝顶；花径3~4 cm；被丝托外面密被绒毛，花瓣倒卵形，长1.5~1.8 cm，白色，含苞时带粉红色；果扁球形，顶端常有隆起，萼片宿存，果柄粗短。花期5月，果期7—10月。

分布：吴忠神农岛林地。我国华中、东北和西北均广泛种植。

用途：水果。

胡颓子科 Elaeagnaceae

胡颓子属 *Elaeagnus* L.

沙枣 *Elaeagnus angustifolia* L.

俗称：香柳、银柳。

特征：乔木。幼枝密被银白色鳞片，老枝鳞片脱落，红棕色，光亮。叶薄纸质，披针形，长3~7 cm，宽1.0~1.3 cm，先端钝尖，基部宽楔形，上面幼时被银白色鳞片，下面密被银白色鳞片花。花银白色，芳香，1~3花生小枝下部叶腋；果椭圆形，长0.9~1.2 cm，径0.6~1.0 cm，粉红色，密被银白色麟片。果肉乳白色，粉质；果柄长3~6 mm。花期5—6月，果期9月。

分布：黄河两岸林地。广泛种植于我国华北、西北和东北地区。

用途：水土保持、防风固沙、绿化、药材、饲料、水果。

鼠李科 Rhamnaceae

枣属 *Ziziphus* Mill.

枣 *Ziziphus jujuba* Mill.

俗称：红枣树、枣子树。

特征：小乔木。枝紫红色或灰褐色，呈“之”字形曲折，具2个托叶刺，长刺可达3 cm，粗直，短刺下弯，长4~6 mm。叶纸质，卵形，卵状椭圆形，或卵状矩圆形，基生三出脉；花黄绿色，两性，单生或2~8个密集成腋生聚伞花序。花瓣倒卵圆形。核果矩圆形或长卵圆形，成熟时红色，后变红紫色，味甜，核顶端锐尖。花期5—7月，果期8—9月。

分布：利通区水域救援训练基地人工绿地。在我国华北、东北和西北广泛种植。

用途：水果、药材、木材。

榆科 Ulmaceae

榆属 *Ulmus* L.

榆树 *Ulmus pumila* L.

俗称：白榆、家榆。

特征：乔木。有多种栽培品种。小枝无木栓翅；冬芽内层芽鳞边缘具白色长柔毛。叶椭圆状卵形、长卵形、椭圆状披针形或卵状披针形，长2~8 cm，先端渐尖或长渐尖，基部一侧楔形或圆。花在去年生枝叶腋成簇生状。翅果近圆形，果核位于翅果中部，其色与果翅相同；宿存花被无毛，4浅裂，具缘毛；果柄长1~2 mm；花果期3—6月。

分布：黄河两岸林地和草地。广泛分布和种植于全国大部分省（区、市）。

用途：绿化、木材、饲料。

大麻科 Cannabaceae

葎草属 *Humulus* L.

葎草 *Humulus scandens*（Lour.）Merr.

俗称：拉拉秧、拉拉藤。

特征：多年生缠绕草本。茎、枝、叶柄均具倒钩刺。叶纸质，肾状五角形，掌状5~7深裂，稀3裂，长宽均7~10 cm，基部心形，上面疏被糙伏毛，下面被柔毛及黄色腺体，裂片卵状三角形，具锯齿；叶柄长5~10 cm。雄花小，黄绿色，花序长15~25 cm；雌花序径约5 mm，苞片纸质，三角形，被白色绒毛；伸出苞片外。瘦果成熟时露出苞片外。花期春夏，果期秋季。

分布：利通区黄河沿岸休闲步道。我国除新疆和青海外均有分布

用途：药材。

桑科 Moraceae

桑属 *Morus* L.

桑 *Morus alba* L.

俗称：家桑、蚕桑。

特征：乔木或灌木状。叶卵形或宽卵形，长5~15 cm，先端尖或渐短尖，基部圆或微心形，锯齿粗钝，有时缺裂，上面无毛，下面脉腋具簇生毛。花雌雄异株，雄花序下垂，长2.0~3.5 cm，密被白色柔毛，雌花序长1~2 cm，被毛，花序梗长0.5~1.0 cm，被柔毛，雌花无梗。聚花果卵状椭圆形，长1.0~2.5 cm，红色至暗紫色。花期4—5月，果期5—7月。

分布：黄河两岸林地。我国各地广泛种植。

用途：绿化、水果、木材、饲料、工业原料。

构属 *Broussonetia* L'Hér. ex Vent.

构 *Broussonetia papyrifera*（L.）L'Hér. ex Vent.

俗称：谷桑、楮。

特征：乔木或灌木状。小枝密被灰色粗毛。叶宽卵形或长椭圆状卵形，先端尖，基部近心形、平截或圆，具粗锯齿，不裂至5裂多型，上面粗糙，基出3脉。花雌雄异株，雄花序粗，花被4裂，雌花序头状。聚花果球形，径1.5～3.0 cm，熟时橙红色，肉质；瘦果具小瘤。花期4—5月，果期6—7月。

分布：青铜峡黄河楼景区。广布于全国各地。

用途：木材、药材、饲料。

胡桃科 Juglandaceae

胡桃属 *Juglans* L.

胡桃 *Juglans regia* L.

俗称：核桃。

特征：乔木。树皮老时灰白色，浅纵裂。复叶长25~30 cm，叶柄及叶轴幼时被腺毛及腺鳞；小叶5~9，椭圆状卵形或长椭圆形，长6~15 cm，全缘，无毛，先端钝圆或短尖，基部歪斜、近圆，侧生小叶具极短柄或近无柄，顶生小叶叶柄长3~6 cm。雄柔荑花序下垂，长5~10 cm；果序短，俯垂，具1~3果。果近球形，径4~6 cm，无毛；果核稍皱曲，具2纵棱，顶端具短尖头。花期4—5月，果期9—10月。

分布：吴忠滨河体育运动公园人工绿地。全国各地均有种植。

用途：干果、木材、工业原料。

卫矛科 Celastraceae

卫矛属 *Euonymus* L.

冬青卫矛 *Euonymus japonicus* Thunb.

俗称：大叶黄杨。

特征：常绿灌木。小枝具4棱。叶对生，革质，倒卵形或椭圆形，长3~5 cm，先端圆钝，基部楔形，具浅细钝齿，侧脉5~7对；叶柄长约1 cm。聚伞花序2~3次分枝，具5~12花；花序梗长2~5 cm；花白绿色，径5~7 mm；花瓣近卵圆形。蒴果近球形，径约8 mm，熟时淡红色；种子顶生，椭圆形，假种皮橘红色，全包种子。花期6—7月，果熟期9—10月。

分布：青铜峡黄河楼景区。全国各地均有种植。

用途：绿化。

白杜 *Euonymus maackii* Rupr

俗称：丝棉木、明开夜合。

特征：小乔木。叶对生，卵状椭圆形、卵圆形或窄椭圆形，长4~8 cm，宽2~5 cm，先端长渐尖，基部宽楔形或近圆，边缘具细锯齿，有时深而锐利。聚伞花序，花4数，淡白绿或黄绿色，花萼裂片半圆形；花瓣长圆状倒卵形。蒴果倒圆心形，4浅裂，径0.9~1.0 cm，熟时粉红色。种子棕黄色，长椭圆形，长5~6 mm；假种皮橙红色，全包种子。花期5—6月，果期9月。

分布：利通区黄河沿岸休闲步道。全国各地均有分布或种植。

用途：绿化。

堇菜科 Violaceae

堇菜属 *Viola* L.

紫花地丁 *Viola philippica* Cav.

俗称：地丁草、紫地丁。

特征：多年生草本。无地上茎；基生叶莲座状。下部叶较小，三角状卵形或窄卵形，上部者较大，圆形、窄卵状披针形或长圆状卵形，长1.5~4.0 cm，宽0.5~1.0 cm，先端圆钝，基部平截或楔形，具圆齿。花紫堇色或淡紫色，喉部有紫色条纹；花瓣倒卵形或长圆状倒卵形；距细管状，末端不向上弯。蒴果长圆形，无毛；花果期4—9月。

分布：黄河两岸林下草地。广泛分布于我国东北、西北和西南地区。

用途：药材。

杨柳科 Salicaceae

杨属 *Populus* L.

青杨 *Populus cathayana* Rehd.

俗称：杨树。

特征：乔木。幼枝无毛；芽长圆锥形，多黏质。短枝叶卵形，基部圆，稀近心形或宽楔形，边缘具腺圆锯齿，下面绿白色，侧脉5~7，无毛，叶柄圆柱形，长2~7 cm，无毛；长枝或萌枝叶卵状长圆形，长10~20 cm，基部常微心形，叶柄圆柱形，长1~3 cm，无毛。雄花序长5~6 cm，雄蕊30~35，苞片条裂，无毛；雌花序长4~5 cm。蒴果卵圆形，长6~9 mm。花期3—5月，果期5—7月。

分布：利通区黄河沿岸绿地。分布于华北、西北、辽宁和四川等地。

用途：绿化、木材。

柳属 *Salix* L.

垂柳 *Salix babylonica* L.

俗称：柳树。

特征：乔木。枝细长下垂，无毛。叶窄披针形或线状披针形，长9~16 cm 基部楔形，两面无毛或微有毛，下面色淡绿色，有锯齿。花序先叶开放，或与叶同放；雄花序长1.5~2.0 cm，有短梗；雌花序长2~3 cm，有梗，基部有3~4小叶；子房无柄或近无柄，花柱短，柱头2~4深裂；苞片披针形，长1.8~2.0 mm，外面有毛。蒴果长3~4 mm。花期3—4月，果期4—5月。

分布：黄河两岸公园绿地。广泛分布和种植于全国各地。

用途：绿化、木材。

旱柳 *Salix matsudana* Koidz.

俗称：馒头柳。

特征：乔木。枝细长，直立或斜展；芽微有柔毛。叶披针形，长5~10 cm，基部窄圆或楔形，下面苍白或带白色，有细腺齿，幼叶有丝状柔毛。花序与叶同放；雄花序圆柱形，长1.5~2.5 cm，径6~8 mm；雌花序长达2 cm，径4 mm，基部有3~5小叶生于短花序梗上，轴有长毛。子房近无柄，无毛，无花柱或很短，柱头卵形，近圆裂。果序长达2 cm。花期4月，果期4—5月。

分布：黄河沿岸。广泛分布和种植于我国东北、华北和西北地区。

用途：水土保持、防风固沙、蜜源、绿化、木材。

北沙柳 *Salix psammophila* C. Wang et Chang Y. Yang

俗称：沙柳。

特征：灌木。幼枝被毛，后几无毛。叶线形，长4~8 cm，疏生锯齿，下面带灰白色，幼叶微有绒毛，老叶无毛。花先叶或与叶同时开放，花序长1~2 cm，短花序梗和鳞片状小叶的下面密被长柔毛；苞片卵状长圆形，褐色，无毛，基部有长柔毛；雄蕊2，花丝合生，基部有毛，花药4室，黄色。子房卵圆形，无柄，被绒毛，花柱明显，柱头2裂。花期3—4月，果期5月。

分布：黄河沿岸及水域救援训练基地人工绿地。主要分布在华北和西北省区。

用途：防风固沙。

大戟科 Euphorbiaceae

铁苋菜属 *Acalypha* L.

铁苋菜 *Acalypha australis* L.

俗称：蚌壳草。

特征：一年生草本。株高0.2~0.5 m。叶长卵形、近菱状卵形或宽披针形，长3~9 cm，先端短渐尖，基部楔形，具圆齿，基脉3出，侧脉3~4对。雄花集成穗状或头状，生于花序上部，下部具雌花；雌花苞片1~2（~4），卵状心形，长1.5~2.5。蒴果绿色，径4 mm，疏生毛和小瘤体。种子卵形，长1.5~2.0 mm，光滑，假种阜细长。花果期4—12月。

分布：黄河沿岸公园绿地。广泛分布于我国华北、西北和西南地区。

用途：药材。

大戟属 *Euphorbia* L.

地锦草 *Euphorbia humifusa* Willd.

俗称：千根草、奶汁草。

特征：一年生草本。茎匍匐，基部常红或淡红色。叶对生，矩圆形或椭圆形，先端钝圆，基部偏斜，略渐狭，边缘常于中部以上具细锯齿。花序单生叶腋；总苞陀螺状，边缘4裂，裂片三角形，雄花数枚，与总苞边缘近等长；雌花1，子房柄伸至总苞边缘；子房无毛；花柱分离。蒴果三棱状卵球形，花柱宿存。花果期5—10月。

分布：利通区黄河沿岸休闲步道。分布于除海南以外的广大地区。

用途：药用。

牻牛儿苗科 Geraniaceae

牻牛儿苗属 *Erodium* L'Hér. ex Aiton

牻牛儿苗 *Erodium stephanianum* Willd.

俗称：太阳花。

特征：多年生草本。茎多数，仰卧或蔓生，被柔毛。叶对生，二回羽状深裂，小裂片卵状条形，全缘或疏生齿，上面疏被伏毛，下面被柔毛，沿脉毛被较密。伞形花序具2~5花，腋生，花序梗被开展长柔毛和倒向短柔毛；萼片长圆状卵形，长6~8 mm，先端具长芒，被长糙毛；花瓣紫红色，倒卵形，先端圆或微凹。蒴果长约4 cm，密被糙毛。花期6—8月，果期8—9月。

分布：黄河两岸林下草地。广泛分布于我国大多数省（区、市）。

用途：药用。

千屈菜科 Lythraceae

千屈菜属 *Lythrum* L.

千屈菜 *Lythrum salicaria* L.

俗称：水柳。

特征：多年生草本。株高约1 m；根茎粗壮。叶对生或3片轮生，披针形或宽披针形，长4~6 cm，宽0.8~1.5 cm，先端钝或短尖，基部圆或心形，有时稍抱茎，无柄。聚伞花序，簇生，花梗及花序梗甚短，花枝似一大型穗状花序，苞片宽披针形或三角状卵形。

分布：黄河两岸公园绿地及草地。全国各地均有栽培。

用途：观赏花卉、药用。

柳叶菜科 Onagraceae

月见草属 *Oenothera* L.

月见草 *Oenothera biennis* L.

俗称：夜来香、山芝麻。

特征：二年生直立草本。茎高达2 m，基生莲座叶丛紧贴地面。穗状花序，不分枝，或在主序下面具次级侧生花序；苞片叶状，长1.5~9.0 cm，宿存；花瓣黄色，稀淡黄色，宽倒卵形，长2.5~3.0 cm，先端微凹。子房圆柱状，具4棱，花柱长3.5~5.0 cm，伸出花筒部分长0.7~1.5 cm，柱头裂片长3~5 mm。蒴果锥状圆柱形，长2.0~3.5 cm，直立，绿色，具棱。花果期6—9月。

分布：利通区黄河沿岸绿地。原产北美，在我国广泛种植。

用途：观赏花卉。

白刺科 Nitrariaceae

骆驼蓬属 *Peganum* L.

多裂骆驼蓬 *Peganum multisectum*（Maxim.）Bobrov

俗称：匍根骆驼蓬。

特征：多年生草本。茎平卧，长30~80 cm。叶2~3回深裂，基部裂片与叶轴近垂直，裂片长6~12 mm，宽1.0~1.5 mm。萼片3~5深裂。花瓣淡黄色，倒卵状矩圆形，长10~15 mm，宽5~6 mm；雄蕊15，短于花瓣，基部宽展。蒴果近球形，顶部稍平扁。种子多数，略成三角形，长2~3 mm，稍弯，黑褐色，表面有小瘤状突起。花期5—7月，果期6—9月。

分布：黄河两岸草地。在我国西北地区分布广泛。

用途：药用。

骆驼蒿 *Peganum nigellastrum* Bunge

俗称：臭草、臭牡丹。

特征：多年生草本。高10~25 cm，密被短硬毛。茎直立或开展，由基部多分枝。叶2~3回深裂，裂片条形，长0.7~10 mm，宽不到1 mm，先端渐尖。花单生于茎端或叶腋；萼片5，披针形，长达1.5 cm，5~7条状深裂，裂片长约1 cm，宽约1 mm，宿存；花瓣淡黄色，倒披针形，长1.2~1.5 cm；雄蕊15，花丝基部扩展。种子纺锤形，黑褐色。花期5—7月，果期7—9月。

分布：黄河两岸盐碱地和荒草地。在我国西北地区分布广泛。

用途：药用。

漆树科 Anacardiaceae

盐麸木属 *Rhus* Tourn. ex L.

火炬树 *Rhus typhina* L.

俗称：鹿角漆、火炬漆。

特征：落叶灌木或小乔木。株高4~8 m，树形不整齐。小枝粗壮，红褐色，密生绒毛。叶轴无翅，小叶19~23，长椭圆状披针形，长5~12 cm，先端长渐尖，有锐锯齿。雌雄异株，圆锥花序长10~20 cm，直立，密生绒毛；花白色。核果深红色，密被毛，密集成火炬形。花期6—7月，果期9—10月。

分布：黄河两岸林地原产于北美，在华北和西北地区广泛分布。该物种因具有强烈的化感作用，限制林下植物生长，具有明显的入侵性，应逐步对其进行替代。

用途：观赏。

锦葵科 Malvaceae

木槿属 *Hibiscus* L.

野西瓜苗 *Hibiscus trionum* L.

俗称：火炮草、灯笼草。

特征：一年生直立或平卧草本。茎柔软，被白色星状粗毛。叶二型，下部的叶圆形，不分裂，上部的叶掌状3~5深裂，中裂片较长，两侧裂片较短，裂片倒卵形至长圆形，通常羽状全裂，上面疏被粗硬毛或无毛，下面疏被星状粗刺毛。花单生于叶腋；花淡黄色，内面基部紫色，直径2~3 cm，花瓣5，倒卵形。蒴果长圆状球形，种子肾形。花期7—10月。

分布：黄河两岸绿地和荒草地。广泛分布于全国各地。

用途：药用。

锦葵属 *Malva* L.

野葵 *Malva verticillata* L.

俗称：冬苋菜、菟葵。

特征：二年生草本。茎干被星状长柔毛。叶肾形或圆形，通常为掌状5~7裂，裂片三角形，边缘具钝齿，两面被极疏糙伏毛或近无毛。花3~多朵簇生于叶腋，具极短柄至近无柄；花瓣5，长6~8 mm，先端凹入，爪无毛或具少数细毛；雄蕊柱长约4 mm，被毛；花柱分枝10~11。果扁球形，径5~7 mm；种子肾形。花期5—9月。

分布：利通区黄河沿岸绿地。广泛分布于全国各地。

用途：药材。

蜀葵属 *Alcea* L.

蜀葵 *Alcea rosea* Linnaeus

俗称：斗篷花、棋盘花。

特征：二年生直立草本。高达2 m，茎枝密被刺毛。叶近圆心形，直径6~16 cm，掌状5~7浅裂或波状棱角，裂片三角形或圆形。花腋生，单生或近簇生，总状花序式，具叶状苞片，花大，有红、紫、白、粉红、黄和黑紫等色，单瓣或重瓣，花瓣倒卵状三角形，长约4 cm，先端凹缺，基部狭。分果爿近圆形，多数，背部厚达1 mm，具纵槽。花期6—8月。

分布：黄河两岸公园绿地。原产我国西南地区，全国各地广泛种植。

用途：观赏。

苘麻属 *Abutilon* Mill.

苘麻 *Abutilon theophrasti* Medicus

俗称：车轮草、磨盘草、青麻。

特征：一年生亚灌木状草本。茎枝被柔毛。叶互生，圆心形，长5~10 cm，先端长渐尖，基部心形，边缘具细圆锯齿，两面均密被星状柔毛。花单生于叶腋，花梗长1~13 cm，被柔毛，近顶端具节；花萼杯状，密被短绒毛，裂片5，卵形，长约6 mm；花黄色，花瓣倒卵形，长约1 cm。蒴果半球形，种子肾形。花期7—8月。

分布：黄河公园附近绿地。除青藏高原之外，其他各省（区、市）均有分布。

用途：药材、工业原料。

十字花科 Brassicaceae

播娘蒿属 *Descurainia* Webb & Berthel.

播娘蒿 *Descurainia sophia*（L.）Webb ex Prantl

俗称：麦蒿、米蒿。

特征：一年生草本。高20~80 cm，下部茎生叶为多，向上渐少。茎直立，分枝多，常于下部呈淡紫色。叶为3回羽状深裂，末端裂片条形或长圆形。花序伞房状，果期伸长；萼片直立，早落，长圆条形，背面有分叉细柔毛；花瓣黄色，长圆状倒卵形，长2.0~2.5 mm，或稍短于萼片。具爪长角果圆筒状，无毛，稍内曲，种子每室1行，种子形小，多数，长圆形。花期4—5月。

分布：黄河两岸路旁及绿地。除华南外全国各地均有分布。

用途：药材、工业原料。

独行菜属 *Lepidium* L.

独行菜 *Lepidium apetalum* Willd.

俗称：辣辣菜、辣辣根。

特征：一年或二年生草本。高5~30 cm。茎直立，有分枝。基生叶窄匙形，一回羽状浅裂或深裂，长3~5 cm，宽1.0~1.5 cm；叶柄长1~2 cm；茎上部叶线形，疏齿或全缘。总状花序在果期可延长至5 cm。花瓣不存或退化成丝状，比萼片短。短角果近圆形或宽椭圆形，扁平，上部有短翅，隔膜宽不到1 mm；种子椭圆形，长约1 mm，平滑，棕红色。花果期5—7月。

分布：黄河两岸林地和草地。广泛分布于全国各地。

用途：饲料、药材。

宽叶独行菜 *Lepidium latifolium* Linnaeus

俗称：光果宽叶独行菜。

特征：多年生草本。株高达1.5 m。茎直立，上部多分枝，基部稍木质化，无毛或疏生单毛。基生叶及茎下部叶长圆状披针形或卵形，长3~13 cm，先端钝，基部渐窄，全缘或有齿；茎上部叶披针形或长椭圆形，无柄。总状花序圆锥状花。短角果宽卵形或近圆形；种子宽椭圆形，长约1 mm，浅棕色，无翅。花期5—9月，果期6—10月。

分布：黄河沿岸及草地。我国主要分布于东北、华北和西北地区。

用途：药材。

蔊菜属 *Rorippa* Scop.

沼生蔊菜 *Rorippa palustris*（Linnaeus）Besser

俗称：风花菜。

特征：一年生或二年生草本。茎直立，具棱，下部常带紫色。基生叶多数，有柄，羽状深裂或大头羽裂，基部耳状抱茎；茎生叶向上渐小，近无柄，羽状深裂或具齿。总状花序顶生或腋生，具多数小花；花梗纤细；萼片长椭圆形；花瓣黄或淡黄色，长倒卵形或楔形，与萼近等长。短角果椭圆形，有时稍弯曲，长3~8 mm；种子褐色，近卵圆形。花期4—7月，果期6—8月。

分布：黄河、湖泊、池塘和沼泽岸边。我国主要分布在西北、华东和东北。

用途：药材、野菜。

荠属 *Capsella* Medik.

荠 *Capsella bursa-pastoris*（L.）Medic.

俗称：地米菜、荠菜。

特征：一年或二年生草本。基生叶丛生呈莲座状，大头羽状分裂，顶裂片卵形至长圆形，侧裂片长圆形至卵形；茎生叶窄披针形或披针形，基部箭形，抱茎，边缘有缺刻或锯齿。总状花序顶生及腋生，萼片长圆形，花瓣白色，卵形，有短爪。短角果倒三角形或倒心状三角形，扁平，顶端微凹；种子2行，长椭圆形，浅褐色。花果期4—6月。

分布：公园林下草地。广泛分布于全国各地。

用途：野菜、药材。

诸葛菜属 *Orychophragmus* Bunge

诸葛菜 *Orychophragmus violaceus*（Linnaeus）O. E. Schulz

俗称：二月兰、紫金菜。

特征：一年生或二年生草本。茎直立。基生叶心形，锯齿不整齐，柄长7~9 cm；下部茎生叶大头羽状深裂或全裂，顶裂片卵形或三角状卵形，有不规则钝齿，侧裂片2~6对，斜卵形、卵状心形或三角形，全缘或有齿。花紫或白色；萼片长达1.6 cm，紫色。长角果线形，长7~10 cm，具4棱；种子卵圆形或长圆形，黑棕色。花期3—5月，果期5—6月。

分布：利通区黄河沿岸绿地。我国主要分布于华北、西北和西南地区。

用途：绿化、食用。

柽柳科 Tamaricaceae

柽柳属 *Tamarix* L.

甘蒙柽柳 *Tamarix austromongolica* Nakai

俗称：红柳。

特征：灌木或乔木。树干和老枝栗红色；小枝直立或斜展。营养枝叶长圆形或长圆状披针形，灰蓝绿色。春季总状花序侧生于去年生枝，花序直立，长3~4 cm；苞片线状披针形；夏、秋季总状花序生于当年生幼枝，组成顶生圆锥花序；花瓣倒卵状长圆形，淡紫红色，先端外弯，花后宿存；花盘5裂，顶端微凹，紫红色。蒴果长圆锥形，长约5 mm。花期5—9月。

分布：黄河沿岸及林地。我国分布于西北和华北省区。

用途：绿化、盐碱地改良、防风固沙。

蓼科 Polygonaceae

酸模属 *Rumex* L.

皱叶酸模 *Rumex crispus* L.

俗称：土大黄。

特征：多年生草本。株高达1 m。茎常不分枝，无毛。基生叶披针形或窄披针形，长10~25 cm，宽2~5 cm，先端尖，基部楔形，边缘皱波状；茎生叶窄披针形，具短柄。花梗细，中下部具关节；外花被片椭圆形，长约1 mm；内花被片果时增大，宽卵形，长4~5 mm，长1.5~2.0 mm。瘦果卵形，具3锐棱。花期5—6月，果期6—7月。

分布：黄河两岸林地和草地。我国主要分布于华北、西北和东北地区。

用途：药材。

西伯利亚蓼属 *Knorringia*（Czukav.）Tzvelev

西伯利亚蓼 *Knorringia sibirica*（Laxmann）Tzvelev

俗称： 驴耳朵、鸭子嘴。

特征： 多年生草本。株高达25 cm。根茎细长；茎基部分枝，无毛。叶长椭圆形或披针形，长5~13 cm，基部戟形或楔形，无毛；叶柄长0.8~1.5 cm，托叶鞘筒状，膜质，无毛。圆锥状花序顶生，花稀疏，苞片漏斗状，无毛；花梗短，中上部具关节；花被5深裂，黄绿色，花被片长圆形，长约3 mm；雄蕊7~8，花丝基部宽；花柱3，较短。瘦果卵形。花期6—7月，果期8—9月。

分布： 湖泊、池塘和沼泽岸边。我国主要分布于西北和华北地区。

用途： 药材。

萹蓄属 *Polygonum* L.

萹蓄 *Polygonum aviculare* L.

俗称：竹叶草、扁竹。

特征：一年生草本。株高达40 cm；基部多分枝。叶椭圆形、窄椭圆形或披针形，先端圆或尖，基部楔形，全缘，无毛；叶柄短，基部具关节，托叶鞘膜质，下部褐色，上部白色，撕裂。花单生或数朵簇生叶腋，遍布植株；苞片薄膜质；花梗细，顶部具关节；花被5深裂，花被片椭圆形，长2.0~2.5 mm，绿色，边缘白或淡红色。瘦果卵形。花期5—7月，果期6—8月。

分布：黄河两岸休闲步道。广泛分布于全国各地。

用途：药材。

蓼属 *Persicaria*（L.）Mill.

酸模叶蓼 *Persicaria lapathifolia*（L.）S. F. Gray

俗称：大马蓼。

特征：一年生草本。株高达90 cm；茎直立，分枝，节部膨大。叶披针形或宽披针形，先端渐尖或尖，基部楔形，上面常具黑褐色新月形斑点，托叶鞘顶端平截。数个穗状花序组成圆锥状，花序梗被腺体，花被4（5）深裂，淡红或白色，花被片椭圆形，顶端分叉，外弯；雄蕊6，花柱2。瘦果宽卵形，扁平，双凹，黑褐色，包于宿存花被内。花期6—8月，果期7—9月。

分布：利通区黄河沿岸休闲步道。全国各地广泛分布。

用途：药材、饲料。

石竹科 Caryophyllaceae

蝇子草属 *Silene* L.

女娄菜 *Silene aprica* Turcx. ex Fisch. et Mey.

俗称： 霞草、王不留行。

特征： 一至二年生草本。主根粗，稍木质。基生叶倒披针形或窄匙形，长4~7 cm，宽4~8 mm，基部渐窄成柄状；茎生叶倒披针形、披针形或线状披针形。圆锥花序；直立；苞片披针形，渐尖，草质，具缘毛；花萼卵状钟形，密被柔毛；花瓣白或淡红色，副花冠舌状。蒴果卵圆形，长8~9 mm，与宿萼近等长；种子圆肾形。花期5—7月，果期6—8月。

分布： 黄河两岸林下草地。我国主要分布于西北、华北和西南地区。

用途： 药材。

苋科 Amaranthaceae

滨藜属 *Atriplex* L.

中亚滨藜 *Atriplex centralasiatica* Iljin

俗称：软蒺藜、马灰条。

特征：一年生草本。高达50 cm；茎常基部分枝；枝细瘦，钝四棱形，被粉粒。叶卵状三角形或菱状卵形，长2~3 cm，宽1.0~2.5 cm，具疏锯齿，近基部的1对锯齿较大，裂片状，或具1对浅裂片，余全缘，先端微钝，基部圆或宽楔形，上面灰绿色，无粉粒或稍被粉粒，下面灰白色，密被粉粒。叶柄长2~6 mm。种子宽卵形或圆形。花果期7—9月。

分布：黄河两岸林地和草地。我国主要分布于西北和东北地区。

用途：药材、饲料。

藜属 *Chenopodium* L.

藜 *Chenopodium album* L.

俗称：灰条菜。

特征：一年生草本。茎直立，粗壮，高达1.5 m，具条棱及色条，多分枝。叶菱状卵形或宽披针形，长3~6 cm，宽2.5~5.0 cm，先端尖或微钝，基部楔形或宽楔形，具不整齐锯齿。花两性；枝上部组成穗状圆锥状或圆锥状花序；花被扁球形或球形，5深裂，裂片宽卵形或椭圆形，背面具纵脊，先端钝或微凹，边缘膜质。种子横生，双凸镜形。花果期5—10月。

分布：黄河两岸林地和草地。广泛分布于全国各地。

用途：野菜、饲料。

小藜 *Chenopodium ficifolium* Smith

俗称：灰菜。

特征：一年生草本。直立，高达50 cm，具条棱及色条。叶卵状长圆形，长2.5~5.0 cm，宽1.0~3.5 cm，常3浅裂，中裂片两边近平行，先端具短尖头，具深波状锯齿，中部以下具侧裂片，常各具2浅裂齿。花被近球形，5深裂，裂片宽卵形，不开展，背面具纵脊；雄蕊5，外伸；柱头2，丝形。胞果包在花被内，果皮与种子贴生；种子双凸镜形，径约1 mm。花果期5—9月。

分布：黄河两岸林下及水岸。我国除西藏外各地均有分布。

用途：野菜、饲料。

红叶藜属 *Oxybasis* Kar. & Kir.

灰绿藜 *Oxybasis glauca*（L.）S. Fuentes, Uotila & Borsch

俗称：盐灰菜、栎叶藜。

特征：一年生草本。茎平卧或外倾，具条棱及绿色或紫红色色条。叶片矩圆状卵形至披针形，长2~4 cm，宽6~20 mm，肥厚，先端急尖或钝，基部渐狭，边缘具缺刻状牙齿，上面无粉，平滑，下面有粉而呈灰白色，有稍带紫红色；中脉明显，黄绿色；叶柄长5~10 mm。胞果顶端露出于花被外，果皮膜质，黄白色；种子扁球形，直径0.75 mm，横生、斜生及直立，暗褐色或红褐色，边缘钝，表面有细点纹。花果期5—10月。

分布：黄河两岸林下草地。我国广泛分布于西北、华北和东北地区。

用途：药材、饲料。

碱蓬属 *Suaeda* Forssk. ex J. F. Gmel.

碱蓬 *Suaeda glauca*（Bunge）Bunge

俗称：碱蒿子、盐蒿。

特征：一年生草本。高达1 m。茎上部多分枝，分枝细长。叶丝状条形，半圆柱状，稍向上弯曲，长1.5~5.0 cm，宽约1.5 mm，灰绿色，无毛，先端微尖，基部稍缢缩。花被5裂；两性花花被杯状，长1.0~1.5 mm，雄蕊5，花药长约0.8 mm，柱头2，稍外弯；雌花花被近球形，径约0.7 mm，花被片卵状三角形，先端钝，果时增厚，花被稍呈五角星形，干后黑色。胞果包于花被内，果皮膜质；种子横生或斜生，双凸镜形。花果期7—9月。

分布：黄河、湖泊和池塘岸边。我国主要分布于华北和西北地区。

用途：盐碱地治理、饲料、野菜。

平卧碱蓬 *Suaeda prostrata* Pall.

俗称：伏碱蓬。

特征：一年生草本。高20~50 cm，无毛。茎平卧或斜升，具微条棱。叶条形，半圆柱状，灰绿色，长5~15 mm，宽1.0~1.5 mm，先端急尖或微钝，基部稍收缩并稍压扁；侧枝上的叶较短，等长或稍长于花被。团伞花序2至数花，腋生；花两性，花被绿色，稍肉质，5深裂，果时花被裂片增厚呈兜状，基部向外延伸出不规则的翅状或舌状突起。胞果顶基扁；果皮膜质，淡黄褐色；种子双凸镜形或扁卵形，直径1.2~1.5 mm，黑色。花果期7—10月。

分布：黄河、湖泊和池塘岸边。我国主要分布于西北和华北地区。

用途：药材。

雾冰藜属 *Grubovia* Freitag & G. Kadereit

雾冰藜 *Grubovia dasyphylla*（Fisch. & C. A. Mey.）Freitag & G. Kadereit

俗称：五星蒿、雾冰草。

特征：一年生草本。茎直立，基部分枝，形成球形植物体，高达50 cm，密被伸展长柔毛。叶圆柱状，稍肉质，长0.5~1.5 cm，径1.0~1.5 mm，有毛。花1（2）朵腋生，花下具念珠状毛束；花被果时顶基扁，花被片附属物钻状，长约2 mm，先端直伸，呈五角星状；雄蕊5，花丝丝形，外伸；子房卵形，柱头2，丝形，花柱很短。胞果卵圆形，褐色；种子近圆形，径约1.5 mm，光滑，外胚乳粉质。花果期7—9月。

分布：黄河两岸林下及荒草地。我国主要分布于西北、东北和华北地区。

用途：药材、饲料。

沙冰藜属 *Bassia* All.

地肤 *Bassia scoparia*（L.）A. J. Scott

俗称：扫帚苗、扫帚菜。

特征：一年生草本。茎直立，高达1 m，基部分枝。叶扁平，线状披针形或披针形，长2~5 cm，宽3~7 mm，先端短渐尖，基部渐窄成短柄，常具3主脉。花两性兼有雌性，常1~3朵簇生上部叶腋；花被近球形，5深裂，裂片近角形，翅状附属物角形或倒卵形，边缘微波状或具缺刻；雄蕊5，花丝丝状，花药长约1 mm；柱头2，丝状，花柱极短。胞果扁，果皮膜质，与种子贴伏；种子卵形或近圆形。花期6—9月，果期7—10月。

分布：黄河两岸林地和草地。广泛分布于全国各地。

用途：药材。

猪毛菜属 *Kali* Mill.

猪毛菜 *Kali collinum*（Pall.）Akhani & Roalson

俗称：刺蓬、蓬子菜。

特征：一年生草本。株高达1 m。茎直立，基部分枝，具绿色或紫红色条纹；枝伸展，生短硬毛或近无毛。叶圆柱状，条形，长2~5 cm，宽0.5~1.5 mm，先端具刺尖，基部稍宽并具膜质边缘，下延。花单生于枝上部苞腋，组成穗状花序；花被片卵状披针形，膜质，果时硬化，背面的附属物呈鸡冠状，花被片附属物以上部分近革质，内折，先端膜质；花药长1.0~1.5 mm 柱头丝状，花柱很短。种子横生或斜生。花期7—9月，果期9—10月。

分布：黄河两岸林地和草地。广泛分布于全国各地。

用途：食用、药材。

盐生草属 *Halogeton* C. A. Mey.

蛛丝蓬 *Halogeton arachnoideus* Moq.

俗称：白茎盐生草、灰蓬。

特征：一年生草本。高10~40 cm。茎直立，自基部分枝；枝互生，灰白色，幼时生蛛丝状毛，以后毛脱落。叶片圆柱形，长3~10 mm，宽1.5~2.0 mm，顶端钝，有时有小短尖。花通常2~3朵，簇生叶腋；小苞片卵形，边缘膜质；花被片宽披针形，膜质，背面有1条粗壮的脉，果时自背面的近顶部生翅；翅5，半圆形，大小近相等，膜质透明，有多数明显的脉；雄蕊5；花丝狭条形；花药矩圆形。果实为胞果，果皮膜质；种子横生，圆形。

分布：黄河两岸荒草地。我国主要分布于西北地区。

用途：饲料。

苋属 *Amaranthus* L.

反枝苋 *Amaranthus retroflexus* L.

俗称：西风谷、苋菜。

特征：一年生草本。株高达1 m。茎密被柔毛。叶菱状卵形或椭圆状卵形，长5~12 cm，先端锐尖或尖凹，具小凸尖，基部楔形，全缘或波状，两面及边缘被柔毛。穗状圆锥花序径2~4 cm，顶生花穗较侧生者长；苞片钻形，长4~6 mm；花被片长圆形或长圆状倒卵形，长2.0~2.5 mm，薄膜质，中脉淡绿色，具凸尖。胞果扁卵形，长约1.5 mm，环状横裂，包在宿存花被片内；种子近球形，径1 mm。花期7—8月，果期8—9月。

分布：黄河两岸林下草地。广泛分布于我国北方地区，为外来入侵植物。

用途：饲料、野菜。

马齿苋科 Portulacaceae

马齿苋属 *Portulaca* L.

马齿苋 *Portulaca oleracea* L.

俗称：胖娃娃菜、马齿菜。

特征：一年生草本。全株无毛；茎平卧或斜倚，长10~15 cm，淡绿或带暗红色。叶互生或近对生，扁平肥厚，倒卵形，长1~3 cm，先端钝圆或平截，有时微凹，基部楔形，全缘，上面暗绿色，下面淡绿或带暗红色，中脉微隆起；叶柄粗短。花无梗，径4~5 mm，常3~5簇生枝顶；叶状膜质苞片2~6，近轮生；花瓣（4）5，黄色，长3~5 mm，基部连合。蒴果长约5 mm。种子黑褐色，径不及1 mm，具小疣。花期5—8月，果期6—9月。

分布：利通区黄河沿岸休闲步道。全国广布。

用途：药材、野菜。

夹竹桃科 Apocynaceae

罗布麻属 *Apocynum* L.

罗布麻 *Apocynum venetum* L.

俗称：野麻、红麻。

特征：亚灌木。株高达4 m，除花序外全株无毛。叶常对生，窄椭圆形或窄卵形，长1~8 cm，基部圆或宽楔形，具细齿叶柄长3~6 mm。花萼裂片窄椭圆形或窄卵形，长约1.5 mm；花冠紫红或扮红色，花冠筒钟状，长6~8 mm，被颗粒状凸起，花冠裂片长3~4 mm 花盘肉质，5裂，基部与子房合生。蓇葖果长8~20 cm，径2~3 cm；种子卵球形或椭圆形，长2~3 mm，冠毛长。花期4—9月，果期7—12月。

分布：青铜峡市黄河水工设施旁。我国分布于华北和西北。

用途：药材、蜜源、工业原料。

鹅绒藤属 *Cynanchum* L.

鹅绒藤 *Cynanchum chinense* R. Br.

俗称：牛皮消、羊奶角。

特征：缠绕草质藤本，长达4 m。全株被短柔毛。叶对生，宽三角状心形，先端骤尖，基部心形，基出脉达9条，侧脉6对。聚伞花序伞状，2岐分枝，花序长达（1）cm；花梗长约1 cm；花萼裂片长圆状三角形，长1~2 mm，被柔毛及缘毛；花冠白色，辐状或反折，无毛；花药近菱形，顶端附属物圆形；花粉块长圆形。蓇葖果圆柱状纺锤形，长8~13 cm，径5~8 mm；种子长圆形。花期6—8月，果期8—10月。

分布：黄河两岸林地和草地。我国分布于西北、华北。

用途：药材。

紫草科 Boraginaceae

紫丹属 *Tournefortia* L.

砂引草 *Tournefortia sibirica* Linnaeus

俗称：紫丹草。

特征：多年生草本。株高达40 cm。具根茎；茎单一或数条，直立或外倾，分枝，密被糙伏毛。叶椭圆形或窄卵形，长3~5 cm，基部楔形，两面密被短糙伏毛；无柄或柄极短。花序顶生，花萼长约4 mm，裂片线形或披针形，被毛；花冠筒漏斗形，长1.0~1.3 cm，黄白色，花药钻形，长2.5~3.0 mm，具小尖头。核果短长圆形或宽卵圆形，长7~9 mm，密被短伏毛，具微纵肋，中果皮木栓质，二裂。花期5月，果期7月。

分布：黄河、湖泊和池塘岸旁。我国分布于东北、华北和西北。

用途：药材。

鹤虱属 *Lappula* Moench

劲直鹤虱 *Lappula stricta*（Ledeb.）Gurke

俗称：鹤虱。

特征：一年生草本。茎高15~30 cm，直立，通常下部具分枝，小枝斜升，被开展或近贴伏的灰白糙毛。茎生叶长圆形或线形，先端钝。花序生于小枝顶端，在果期稍伸长，长5~8 cm；苞片小，线形；花萼5深裂，裂片线形，长约2.5 mm，呈星状开展；花冠蓝紫色，钟状，长约3 mm，筒部与花萼约等长。小坚果4，长圆状卵形，长约3 mm，背面狭披针形，具颗粒状突起，沿中线有龙骨状突起。

分布：黄河两岸林地和草地。我国分布于西北地区。

用途：药材。

附地菜属 *Trigonotis* Steven

附地菜 *Trigonotis peduncularis*（Trev.）Benth. ex Baker et Moore

俗称： 地胡椒、黄瓜香。

特征： 二年生草本。株高达30 cm。茎常多条，直立或斜升，下部分枝，密被短糙伏毛。基生叶卵状椭圆形或匙形，先端钝圆，基部渐窄成叶柄，两面被糙伏毛，具柄；茎生叶长圆形或椭圆形，具短柄或无柄。花序顶生，花冠淡蓝或淡紫红色，冠筒极短；花药卵圆形，长约0.3 mm。小坚果斜三棱锥状四面体形，长约1 mm，被毛，稀无毛，背面三角状卵形，具锐棱，腹面2侧面近等大，基底面稍小，着生面具短柄。花果期4—7月。

分布： 黄河两岸林地和草地。我国分布于东北、华北、西北地区。

用途： 药材。

旋花科 Convolvulaceae

菟丝子属 *Cuscuta* L.

菟丝子 *Cuscuta chinensis* Lam.

俗称：无根藤、黄丝藤。

特征：一年生寄生草本。茎黄色，纤细。花序侧生，少花至多花密集成聚伞状伞团花序，花序无梗；苞片及小苞片鳞片状；花萼杯状，中部以上分裂，裂片三角状，长约1.5 mm；花冠白色，壶形，长约3 mm，裂片三角状卵形，先端反折；雄蕊生于花冠喉部，鳞片长圆形，伸至雄蕊基部，边缘流苏状；花柱2，等长或不等长，柱头球形。蒴果球形，径约3 mm，为宿存花冠全包，周裂；种子2~4，卵圆形，淡褐色。

分布：黄河两岸草地。我国广泛分布。

用途：药材。

旋花属 *Convolvulus* L.

田旋花 *Convolvulus arvensis* L.

俗称：白花藤、小旋花。

特征：多年生草本。具木质根状茎，长达1 m；茎平卧或缠绕，无毛或疏被柔毛；叶卵形、卵状长圆形或披针形，长1.5~5.0 cm，先端钝，基部戟形、箭形或心形，全缘或3裂，两面被毛或无毛；叶柄长1~2 cm。聚伞花序腋生，具1~3花，苞片2，线形，长约3 mm；萼片长3.5~5.0 mm，花冠白或淡红色，宽漏斗形，长1.5~2.6 cm，冠檐5浅裂；雄蕊稍不等长，长约花冠之半，花丝被小鳞毛；柱头线形。蒴果无毛。花期 6—8月，果期6—9月。

分布：黄河两岸林地和草地。我国广布东北、西北、华北等地。

用途：药材。

打碗花属 *Calystegia* R. Br.

打碗花 *Calystegia hederacea* Wall.

俗称：喇叭花。

特征：一年生草本。茎平卧，具细棱。茎基部叶长圆形，长2~3（~5.5）cm，先端圆，基部戟形。茎上部叶三角状戟形，侧裂片常2裂，中裂片披针状或卵状三角形；叶柄长1~5 cm。花单生叶腋，花梗长2.5~5.5 cm；苞片2，卵圆形，长0.8~1 cm，包被花萼，宿存；萼片长圆形；花冠漏斗状，粉红色，长2~4 cm。蒴果卵圆形，长约1 cm；种子黑褐色，被小疣。花果期6—9月。

分布：黄河两岸林地和草地。全国广布。

用途：药材。

茄科 Solanaceae

枸杞属 *Lycium* L.

枸杞 *Lycium chinense* Mill.

俗称：狗奶子、狗牙子。

特征：多分枝灌木。枝条细弱，弯曲或俯垂，淡灰色，具纵纹，小枝顶端成棘刺状，短枝顶端棘刺长达2 cm。叶卵形、卵状菱形、长椭圆形或卵状披针形，长1.5~5.0 cm，先端尖，基部楔形。花在长枝1~2腋生，花冠漏斗状，淡紫色，5深裂，裂片卵形。浆果卵圆形，红色，长0.7~1.5 cm，栽培类型长圆形或长椭圆形，长达2.2 cm；种子扁肾形，长2.5~3.0 mm，黄色。花期5—9月，果期8—11月。

分布：黄河两岸林地和草地。我国分布于西北、东北和华北地区。

用途：药材、食用、水土保持。

茄属 *Solanum* L.

龙葵 *Solanum nigrum* L.

俗称：苦葵、野葡萄。

特征：一年生草本。茎近无毛或被微柔毛。叶卵形，长4~10 cm，先端钝，基部楔形或宽楔形，下延，全缘或具4~5对不规则波状粗齿，两面无毛或疏被短柔毛。伞形状花序腋外生，具3~6（~10）花，花萼浅杯状，径2~3 mm，萼齿近三角形，长1 mm；花冠白色，花药长2.5~3.5 mm，顶孔向内，花柱长5~6 mm，中下部被白色绒毛。浆果球形，径0.8~1.0 cm，黑色，果柄弯曲；种子近卵圆形，径1.5~2.0 mm，种子多数，近卵形。花期5—8月，果期7—11月。

分布：利通区黄河沿岸步道及林草地。广泛分布于全国各地。

用途：药材。

青杞 *Solanum septemlobum* Bunge

俗称：野枸杞、白英。

特征：草本或灌木状。茎具棱角，被白色弯卷短柔毛或腺毛，稀近无毛。叶卵形，长3~9 cm，先端钝，基部楔形，裂片卵状长圆形或披针形，全缘或具齿，两面疏被短柔毛，中脉、侧脉及边缘毛较密。花序圆锥状，顶生或腋外生；花萼杯状，径约2 mm，疏被柔毛，萼齿三角形，花冠青紫色，径约1 cm；花丝长不及1 mm，花药长2.5~3.5 mm；花柱长约7 mm。浆果近球形或卵圆形，红色，径约8 mm；种子盘状。花期6—10月，果期10—12月。

分布：树木园湖岸林地。我国分布于华北和西北地区。

用途：药材。

酸浆属 *Alkekengi* Mill.

酸浆 *Alkekengi officinarum* Moench

俗称：灯笼草、酸姑娘。

特征：多年生草本。叶长卵形或宽卵形，稀菱状卵形，长5~15 cm，先端渐尖，基部不对称窄楔形、下延至叶柄，全缘波状或具粗牙齿，有时疏生不等大三角形牙齿，两面被柔毛，脉上较密，上面毛常不脱落。花梗密被柔毛；花萼宽钟状，长约6 mm，密被柔毛，萼齿三角形，边缘被硬毛；花冠辐状。浆果球形，橙红色，径1.0~1.5 cm。果柄长2~3 cm，被柔毛；种子肾形，淡黄色，长约2 mm。花期5—9月，果期6—10月。

分布：树木园湖岸林地。我国分布于西北和西南地区。

用途：食用、药材。

木樨科 Oleaceae

连翘属 *Forsythia* Vahl

连翘 *Forsythia suspensa*（Thunb.）Vahl

俗称：黄花条、连壳。

特征：落叶灌木。枝开展或下垂，棕色、棕褐色或淡黄褐色，小枝土黄色或灰褐色，略呈四棱形，疏生皮孔，节间中空，节部具实心髓。叶通常为单叶，或3裂至三出复叶，叶片卵形、或椭圆状卵形至椭圆形，先端锐尖，基部圆形。通常单生或2至数朵着生于叶腋，花冠黄色，裂片倒卵状长圆形或长圆形，长1.2~2.0 cm，宽6~10 mm。果卵球形，长1.2~2.5 cm，宽0.6~1.2 cm，先端喙状渐尖，表面疏生皮孔。花期4—5月，果期7—9月。

分布：青铜峡黄河楼景区。我国分布或栽种于华北、华东和西北地区。

用途：药材。

丁香属 *Syringa* L.

紫丁香 *Syringa oblata* Lindl.

俗称：华北紫丁香、白丁香。

特征：灌木或小乔木。小枝、花序轴、花梗、苞片、花萼、幼叶两面及叶柄均密被腺毛。叶革质或厚纸质，卵圆形或肾形，长2~14 cm，宽2~15 cm，先端短凸尖或长渐尖，基部心形、平截或宽楔形。圆锥花序直立，由侧芽抽生；花萼长约3 mm；花冠紫色，花冠筒圆柱形，长0.8~1.7 cm，裂片直角开展，长3~6 mm；花药黄色，位于花冠筒喉部。果卵圆形或长椭圆形。花期4—5月，果期6—10月。

分布：树木园湖岸林地。我国分布或栽种于华北、华东和西北地区。

用途：观赏。

梣属 *Fraxinus* L.

美国红梣 *Fraxinus pennsylvanica* Marsh.

俗称：洋白蜡、毛白蜡。

特征：落叶乔木。树皮灰色，粗糙，皱裂。羽状复叶长18~40 cm；叶轴密被灰黄色柔毛；小叶7~9，薄革质，长圆状披针形或椭圆形，长4~13 cm，先端渐尖或尖，基部宽楔形，具不明显钝齿或近全缘。圆锥花序生于去年生枝上，长5~20 cm；花密集，雄花与两性花异株，与叶同时开放；花序梗短；雄花花萼小，花药大，长圆形，花丝短；两性花花萼较宽，萼齿浅裂，花柱细，柱头2裂。翅果狭倒披针形。花期4月，果期8—10月。

分布：利通区黄河沿岸林地。原产于美国，现广泛种植与全国各地。

用途：行道树。

女贞属 *Ligustrum* L.

水蜡树 *Ligustrum obtusifolium* Sieb. et Zucc.

俗称：水蜡。

特征：落叶多分枝灌木。小枝被微柔毛或柔毛。叶长椭圆形或倒卵状长椭圆形，长1.5~6.0 cm，基部楔形，两面无毛。花序轴、花梗、花萼均被柔毛；花梗长不及2 mm；花萼长1.5~2.0 mm；花冠长0.6~1.0 cm；雄蕊长达花冠裂片中部。果近球形或宽椭圆形，长5~8 mm，成熟时紫黑色。花期5—6月，果期8—10月。

分布：青铜峡黄鹤楼景区。我国主要分布于东北和华北地区。

用途：药材。

车前科 Plantaginaceae

婆婆纳属 *Veronica* L.

阿拉伯婆婆纳 *Veronica persica* Poir.

俗称：肾子草。

特征：铺散多分枝草本。茎密生两列柔毛。叶2~4对（腋内生花的称苞片）；卵形或圆形，长0.6~2.0 cm，基部浅心形，平截或浑圆，边缘具钝齿，两面疏生柔毛；具短柄。总状花序很长，苞片互生，与叶同形近等大；花萼果期增大，裂片卵状披针形，花冠蓝、紫或蓝紫色，裂片卵形或圆形；雄蕊短于花冠。蒴果肾形，宿存花柱超出凹口；种子背面具深横纹。花期4—6月。

分布：树木园湖岸林地。我国分布于华东、华中和西北地区。

用途：药材。

车前属 *Plantago* L.

车前 *Plantago asiatica* L.

俗称：车前子、车轱辘菜。

特征：二年生或多年生草本。根茎短，稍粗。叶基生呈莲座状，薄纸质或纸质，宽卵形或宽椭圆形，先端钝圆或急尖，基部宽楔形或近圆。穗状花序3~10个，细圆柱状，紧密或稀疏，下部常间断，花冠白色，花冠筒与萼片近等长；雄蕊与花柱明显外伸，花药白色。蒴果纺锤状卵形、卵球形或圆锥状卵形，长3.0~4.5 mm，于基部上方周裂；种子5~6（~12），卵状椭圆形或椭圆形，具角，背腹面微隆起；子叶背腹排列。花期4—8月，果期6—9月。

分布：利通区黄河沿岸林地和草地。广泛分布于全国各地。

用途：药材。

大车前 ***Plantago major*** **L.**

俗称：大叶车前。

特征：二年生或多年生草本。叶基生呈莲座状，草质、薄纸质，宽卵形或宽椭圆形，先端钝尖或急尖，边缘波状或近全缘，基部鞘状，常被毛。穗状花序1至数个，细圆柱状，基部常间断；花萼裂片先端圆，无毛或疏生短缘毛，边缘膜质，花冠白色，无毛，裂片披针形或窄卵形，花后反折；雄蕊与花柱明显外伸，花药通常初为淡紫色，稀白色。蒴果近球形、卵球形或宽椭圆球形，长2~3 mm，于中部或稍低处周裂。花期6—8月，果期7—9月。

分布：利通区黄河沿岸草地。我国分布于华北、东北和西北地区。

用途：药材。

紫葳科 Bignoniaceae

角蒿属 *Incarvillea* Juss.

角蒿 *Incarvillea sinensis* Lam.

俗称：羊角草、羊角蒿。

特征：一年生至多年生草本。叶互生，二至三回羽状细裂，长4~6 cm，小叶不规则细裂，小裂片线状披针形，具细齿或全缘。顶生总状花序；花萼钟状，花冠淡玫瑰色或粉红色，有时带紫色，钟状漏斗形，基部细筒长约4 cm，径2.5 cm，花冠裂片圆形；花药成对靠合。蒴果淡绿色，细圆柱形，顶端尾尖，长3.5~10.0 cm，径约5 mm；种子扁圆形，细小，径约2 mm，四周具透明膜质翅，顶端具缺刻。花期5—9月，果期10—11月。

分布：利通区黄河沿岸草地。我国分布于西北和东北地区。

用途：药材。

唇形科 Lamiaceae

鼠尾草属 *Salvia* L.

新疆鼠尾草 *Salvia deserta* Schang

俗称：一串蓝。

特征：多年生草本。叶卵形或披针状卵形，长4~9 cm，先端尖或渐尖，基部心形，具不整齐圆锯齿，上面泡状，粗糙，被微柔毛，下面被短柔毛叶柄长达4 cm。轮伞花序具4~6花，组成总状或圆锥花序，密被微柔毛；苞片宽卵形，紫红色；花冠蓝紫或紫色，长0.9~1.0 cm，被细柔毛及黄褐色腺点。小坚果黑色，倒卵球形，长约1.5 mm。花果期6—10月。

分布：利通区黄河沿岸绿地。原产于新疆北部，在西北地区有种植。

用途：观赏花卉。

黄芩属 *Scutellaria* L.

并头黄芩 *Scutellaria scordifolia* Fisch. ex Schrank

俗称：三麻子。

特征：多年生草本。茎带淡紫色，近无毛或棱上疏被上曲柔毛。叶三角状卵形或披针形，长1.5～3.8 cm，先端钝尖，基部浅心形或近平截，具浅锐牙齿，稀具少数微波状齿或全缘，上面无毛，下面沿脉疏被柔毛或近无毛，被腺点或无腺点。壳斗杯形，包着坚果约1/2，直径1.0～1.7 cm，高5～7 mm，被金黄色绒毛；小苞片合生成6～7条同心环带。小坚果黑色，椭圆形，长1.5 mm，被瘤点，腹面近基部具脐状突起。花期6—8月，果期8—9月。

分布：树木园湖林地。我国分布于西北和东北地区。

用途：药材。

假龙头属 *Physostegia* Benth.

假龙头花 *Physostegia virginiana*（L.）Benth.

俗称：随意草。

特征：多年生宿根草本。株高60~120 cm。茎四方形、丛生而直立。叶对生，披针形，亮绿色，边缘具锯齿。穗状花序顶生，长20~30 cm；每轮有花2朵，花冠唇形，花筒长约2.5 cm，唇瓣短，花色淡紫红。花期7—9月。

分布：树木园湖人工绿地。全国各地广泛栽培。

用途：观赏花卉。

益母草属 *Leonurus* L.

益母草 *Leonurus japonicus* Houttuyn

俗称：益母蒿、坤草。

特征：一年生或二年生草本。茎直立，钝四棱形，微具槽。茎下部叶轮廓为卵形，基部宽楔形，掌状3裂，裂片呈长圆状菱形至卵圆形，裂片上再分裂，上面绿色，有糙伏毛，叶脉稍下陷，下面淡绿色，被疏柔毛及腺点，由于叶基下延而在上部略具翅，腹面具槽，背面圆形，被糙伏毛；茎中部叶轮廓为菱形，较小。轮伞花序腋生，具8~15花。小坚果长圆状三棱形，长2.5 mm，顶端截平而略宽大，基部楔形，淡褐色，光滑。花果期6—10月。

分布：利通区黄河沿岸草地。广泛分布于全国各地。

用途：药材。

夏至草属 *Lagopsis*（Bunge ex Benth.）Bunge

夏至草 *Lagopsis supina*（Stephan ex Willd.）Ikonn.-Gal.

俗称：益母蒿、坤草。

特征：多年生草本。茎披散于地面或上升，四棱形，具沟槽，密被微柔毛，常在基部分枝。叶轮廓为圆形，长宽1.5~2.0 cm，先端圆形，基部心形，3深裂；叶柄长，基生叶的长2.0~3.0 cm，上部叶的较短。轮伞花序疏花，在枝条上部者较密集；花萼管状钟形，长约4.0 mm，外密被微柔毛；花冠白色，稀粉红色，稍伸出萼筒。小坚果长卵形，长约1.5 mm，褐色，具扁平状突起。花果期4—6月。

分布：利通区黄河沿岸步道。广泛分布于全国各地。

用途：药材。

菊科 Asteraceae

蓟属 *Cirsium* Mill.

丝路蓟 *Cirsium arvense*（L.）Scop.

俗称：小蓟、刺蓟。

特征：多年生草本。茎直立，高30~80 cm，上部分枝。基生叶和中部茎叶椭圆形，顶端钝或圆形，基部楔形，长7~15 cm，宽1.5~4.5 cm，上部茎叶渐小，叶缘有细密的针刺。头状花序单生茎端，或植株含少数或多数头状花序在茎枝顶端排成伞房花序；小花紫红色或白色。瘦果淡黄色，椭圆形，压扁；冠毛污白色，冠毛刚毛长羽毛状。花果期5—9月。

分布：黄河两岸林地和草地。分布几乎遍及全国。

用途：药材、饲料。

矢车菊属 *Centaurea* L.

矢车菊 *Centaurea cyanus* L.

俗称：蓝色矢车菊、蓝芙蓉。

特征：一年生或二年生草本。株高30～70 cm或更高。茎枝灰白色，被薄蛛丝状卷毛。基生叶及下部茎生叶长椭圆状倒披针形或披针形，全缘或疏生锯齿或大头羽状分裂。头状花序排成伞房或圆锥花序；边花增大，长于中央盘花，蓝、白、红或紫色；盘花浅蓝或红色。瘦果椭圆形，被白色柔毛；冠毛白或浅土红色，全部冠毛毛状。花果期6—8月。

分布：利通区黄河沿岸绿地。全国各地普遍种植。

用途：观赏花卉。

莴苣属 *Lactuca* L.

乳苣 *Lactuca tatarica*（L.）C. A. Mey.

俗称：苦苦菜、蒙山莴苣。

特征：多年生草本。株高15~60 cm。根垂直直伸。茎直立，有细条棱或条纹，上部有圆锥状花序分枝，全部茎枝光滑无毛。中下部茎叶长椭圆形或线状长椭圆形或线形，长6~19 cm，宽2~6 cm；向上的叶与中部茎叶同形或宽线形，但渐小。头状花序约含20枚小花，在茎枝顶端狭或宽圆锥花序；舌状小花紫蓝色，管部有白色短柔毛。瘦果长圆状披针形。花果期6—9月。

分布：黄河两岸林下或草地。国内主要分布于东北、华北和西北地区。

用途：野菜、药材。

苦苣菜属 *Sonchus* L.

苦苣菜 *Sonchus oleraceus* L.

俗称：滇苦荬菜。

特征：一年生或二年生草本。茎无毛，或上部花序被腺毛。基生叶羽状深裂，长椭圆形或倒披针形，基部渐窄成翼柄；中下部茎生叶羽状深裂或大头状羽状深裂，椭圆形或倒披针形，长3~12 cm，基部骤窄成翼柄，柄基圆耳状抱茎。头状花序排成伞房或总状花序或单生茎顶；总苞宽钟状；舌状小花黄色。瘦果褐色；冠毛白色。花果期6—9月。

分布：黄河两岸林地和草地。全国各地广泛分布。

用途：药材、野菜。

苣荬菜 *Sonchus wightianus* DC.

俗称：滇苦荬菜。

特征：多年生草本。茎直立，有细条纹。基生叶多数，与中下部茎叶全形倒披针形或长椭圆形，羽状或倒向羽状深裂、半裂或浅裂，全长6.0~24.0 cm，宽1.5~6.0 cm；全部叶裂片边缘有小锯齿或无锯齿而有小尖头。头状花序在茎枝顶端排成伞房状花序，舌状小花多数，黄色。瘦果稍压扁，长椭圆形；冠毛白色。花果期5—10月。

用途：药材、野菜。

蒲公英属 *Taraxacum* F. H. Wigg.

蒲公英 *Taraxacum mongolicum* Hand.-Mazz.

俗称：婆婆丁、黄花地丁。

特征：多年生草本。叶倒卵状披针形或倒披针形，长4~20 cm，边缘有时具波状齿或羽状深裂，基部渐窄成叶柄，疏被蛛丝状白色柔毛或几无毛。花葶1至数个，高10~25 cm，上部紫红色，密被总苞钟状，淡绿色，总苞片2~3层，外层卵状披针形或披针形；内层线状披针形；舌状花黄色。瘦果倒卵状披针形，冠毛白色。花期4—9月，果期5—10月。

分布：黄河两岸林地和草地。广泛分布于全国各地。

用途：药材、野菜。

苦荬菜属 *Ixeris*（Cass.）Cass.

中华苦荬菜 *Ixeris chinensis*（Thunb.）Nakai

俗称：山苦荬、细叶苦荬菜。

特征：多年生草本。株高5~47 cm。根垂直直伸，通常不分枝；根状茎极短缩。茎直立单生或少数茎成簇生，上部伞房花序状分枝。基生叶倒披针形或线形，基部渐狭成有翼的柄，全缘；全部叶两面无毛。头状花序通常在茎枝顶端排成伞房花序，含舌状小花21~25枚；舌状花黄色或白色。瘦果褐色，长椭圆形；冠毛白色。花期6—10月。

分布：黄河两岸林地和草地。广泛分布于全国各地。

用途：药材、野菜。

千里光属 *Senecio* L.

北千里光 *Senecio dubitabilis* C. Jeffrey et Y. L. Chen

俗称：白顶花。

特征：一年生草本。茎高5~30 cm，无毛或有疏白色柔毛。叶匙形，长圆状披针形、长圆形或线形，长3~7 cm，羽状细裂或具疏齿或全缘，无柄；下部叶基部窄成柄状；叶两面无毛。头状花序无舌状花，排成疏散伞房花序，花序梗长1.5~4.0 cm；总苞窄钟状，无舌状花；管状花多数，花冠黄色。瘦果圆柱形，密被柔毛；冠毛白色。花期5—9月。

分布：利通区黄河沿岸休闲步道。在我国主要分布于西北地区。

用途：药材。

紫菀属 *Aster* L.

阿尔泰狗娃花 *Aster altaicus* Willd.

俗称：阿尔泰紫菀。

特征：多年生草本。茎直立，被上曲或开展毛，上部或全部有分枝。下部叶线形、长圆状披针形、倒披针形或近匙形，长2.5~10.0 cm，全缘或有疏浅齿；上部叶线形；叶两面或下面均被粗毛或细毛，常有腺点。头状花序单生枝端或排成伞房状；总苞半球形；舌片浅蓝紫色，长圆状线形，长1.0~1.5 cm。瘦果扁倒卵状长圆形；冠毛污白或红褐色。花果期5—9月。

分布：青铜峡黄河沿岸绿地。国内主要分布在东北、华北和西北地区。

用途：饲料、药材。

飞蓬属 *Erigeron* L.

小蓬草 *Erigeron canadensis* L.

俗称：小飞蓬、加拿大飞蓬。

特征：一年生草本。株高50～100 cm。茎直立，上部多分枝，被疏长硬毛。叶密集，下部叶倒披针形，长6～10 cm，宽1.0～1.5 cm，顶端尖或渐尖，基部渐狭成柄，边缘具疏锯齿或全缘；中上部叶较小，近无柄。头状花序多数，排列成大圆锥花序，雌花多数，舌状，白色。花果期5—9月。

分布：利通区黄河沿岸绿地。原产于北美，现分布于我国南北各省（区、市），为恶性外来入侵植物，应对其进行重点关注并进行有效防控。

用途：饲料。

联毛紫菀属 *Symphyotrichum* Nees

联毛紫菀 *Symphyotrichum novi-belgii* （L.）G. L. Nesom

俗称：荷兰菊。

特征：多年生草本。株高30~80 cm。有地下走茎，茎直立，多分枝，被稀疏短柔毛。叶长圆形至条状披针形，长1.2~1.5 cm，宽0.6~3.0 cm，先端渐尖，基部渐狭，全缘或有浅锯齿；上部叶无柄，基部微抱茎。花序下部叶较小；头状花序顶生，总苞钟形；舌状花蓝紫色、紫红色等，管状花黄色。瘦果长圆形。花果期8—10月。

分布：利通区公园绿地。原产于北美，在国内作为花坛花卉使用。

用途：观赏花卉。

蒿属 *Artemisia* L.

猪毛蒿 *Artemisia scoparia* Waldst. et Kit.

俗称：黄蒿、白茵陈。

特征：一、二年生草本。茎单生，高达1.3 m，中部以上分枝，茎、枝幼被灰白或灰黄色绢质柔毛。基生叶与营养枝叶两面被灰白色绢质柔毛，近圆形或长卵形，二至三回羽状全裂，具长柄。头状花序近球形，稀卵圆形，基部有线形小苞叶，排成复总状或复穗状花序，在茎上组成开展圆锥花序；总苞片无毛。瘦果倒卵圆形或长圆形。花果期7—10月。

分布：黄河两岸林草地。广泛分布于国内各地。

用途：药材、饲料。

黄花蒿 *Artemisia annua* L.

俗称：香蒿、青蒿。

特征：一年生草本。茎单生；茎、枝、叶两面及总苞片背面无毛或初叶下面微有极稀柔毛。叶两面具脱落性白色腺点及细小凹点，茎下部叶宽卵形，长3~7 cm，三回栉齿状羽状深裂，基部有半抱茎假托叶。头状花序球形，多数，在分枝上排成总状或复总状花序，在茎上组成开展的尖塔形圆锥花序。瘦果椭圆状卵圆形，稍扁。花果期6—10月。

分布：黄河两岸林草地。广泛分布于国内各地。

用途：药材。

大籽蒿 *Artemisia sieversiana* Ehrhart ex Willd.

俗称：白蒿、大头蒿。

特征：一、二年生草本。主根单一。茎单生，高达1.5 m，纵棱明显，分枝多；茎、枝被灰白色微柔毛。下部与中部叶宽卵形或宽卵圆形，两面被微柔毛，长4~8 cm，二至三回羽状全裂；上部叶及苞片叶羽状全裂或不裂。头状花序大，多数排成圆锥花序，在分枝排成总状花序或复总状花序，并在茎上组成开展或稍窄圆锥花序。花果期6—10月。

分布：黄河两岸林草地。广泛分布于国内大部分省（区、市）。

用途：药材、饲料。

白叶蒿 *Artemisia leucophylla*（Turcz. ex Bess.）C. B. Clarke

俗称：白毛蒿、茭蒿。

特征：多年生草本。茎、枝微被蛛丝状柔毛。叶上面被蛛丝状绒毛，下面密被灰白色蛛丝状绒毛；茎下部叶椭圆形或长卵形，一至二回羽状深裂或全裂，每侧裂片3，羽状分裂；中部与上部叶羽状全裂；苞片叶3~5全裂或不裂。头状花序宽卵圆形或长圆形，基部常有小苞片，排成穗状花序，在茎上半部组成稍密集窄圆锥花序。瘦果倒卵圆形。花果期7—10月。

分布：利通区黄河沿岸休闲步道。广泛分布于国内大部分省（区、市）。

用途：药材。

旋覆花属 *Inula* L.

旋覆花 *Inula japonica* Thunb.

俗称：猫耳朵、六月菊。

特征：多年生草本。茎被长伏毛，或下部脱毛。中部叶长圆形、长圆状披针形或披针形，长4~13 cm，基部常有圆形半抱茎小耳，无柄，有小尖头状疏齿或全缘，上面有疏毛或近无毛，下面有疏伏毛和腺点，中脉和侧脉有较密长毛；上部叶线状披针形。头状花序，径3~4 cm，排成疏散伞房花序，花序梗细长；舌状花黄色。瘦果圆柱形。花期6—10月，果期9—11月。

分布：黄河两岸林草地。广泛分布于国内大部分省（区、市）。

用途：药材。

蓼子朴 *Inula salsoloides*（Turcz.）Ostenf.

俗称：沙地旋覆花。

特征：亚灌木。茎基部有密集长分枝，中部以上有较短分枝状长粗毛，后上部常脱毛。叶披针状或长圆状线形，长0.5~1.0 cm，全缘。头状花序径1.0~1.5 cm，单生枝端；总苞倒卵圆形，线状卵圆形或长圆状披针形，干膜质，基部稍革质，黄绿色，背面无毛；舌状花较总苞长半倍，舌片浅黄色，椭圆状线形。瘦果长1.5 mm。花期5—8月，果期7—9月。

分布：利通区黄河岸边沙土地。我国主要分布于北方风沙区。

用途：固沙、饲料、药材。

花花柴属 *Karelinia* Less.

花花柴 *Karelinia caspia*（Pall.）Less.

俗称： 胖姑娘。

特征： 多年生草本。株高达1 m。茎粗壮，多分枝，中空；幼枝密被糙毛或柔毛，老枝无毛，有疣状突起。叶卵圆形、长卵圆形或长椭圆形，长1.5~6.5 cm，基部有圆形或戟形小耳，抱茎，全缘或疏生不规则短齿，近肉质，两面被糙毛至无毛。头状花序，3~7排成伞房状；雌花花冠丝状，两性花花冠细管状。瘦果圆柱形，无毛。花期7—9月，果期9—10月。

分布： 利通区黄河沿岸林下。国内主要分布于西北地区。

用途： 盐碱地改良、饲料。

秋英属 *Cosmos* Cav.

秋英 *Cosmos bipinnatus* Cavanille

俗称：波斯菊、格桑花。

特征：一年生或多年生草本。株高可达2 m。茎无毛或稍被柔毛。叶二回羽状深裂。头状花序单生，径3~6 cm，花序梗长6~18 cm；总苞片外层披针形或线状披针形，近革质，淡绿色，具深紫色条纹，长1.0~1.5 cm，内层椭圆状卵形，膜质；舌状花紫红、粉红或白色，舌片椭圆状倒卵形。瘦果黑紫色，长0.8~1.2 cm，无毛。花期6—8月，果期9—10月。

分布：黄河两岸公园绿地。原产于墨西哥，在全国各地广泛种植。

用途：观赏花卉、药材。

鬼针草属 *Bidens* L.

婆婆针 *Bidens bipinnata* L.

俗称：鬼针草。

特征：一年生草本。茎无毛或上部疏被柔毛。叶对生，长5~14 cm，二回羽状分裂，顶生裂片窄，先端渐尖，边缘疏生不规则粗齿，两面疏被柔毛，叶柄长2~6 cm。头状花序，径0.6~1.0 cm，花序梗长1~5 cm；总苞杯形，外层总苞片5~7，线形，草质，被稍密柔毛，内层膜质，椭圆形，背面褐色，被柔毛；舌片黄色；盘花筒状，黄色。瘦果线形，顶端芒刺具倒刺毛。花果期6—10月。

分布：黄河两岸林草地。广泛分布于全国各地。

用途：药材。

金鸡菊属 *Coreopsis* L.

剑叶金鸡菊 *Coreopsis lanceolata* L.

俗称：大金鸡菊。

特征：多年生草本。株高30~70 cm，有纺锤状根。茎直立，无毛或基部被软毛，上部有分枝。叶较少数，在茎基部成对簇生，有长柄，叶片匙形或线状倒披针形，基部楔形，顶端钝或圆形，长3.5~7.0 cm，宽1.3~1.7 cm。头状花序在茎端单生，径4~5 cm；总苞片内外层近等长，披针形，长6~10 mm，顶端尖；舌状花黄色。瘦果圆形或椭圆形。花期5—9月。

分布：利通区黄河沿岸绿地。原产于北美，在我国各地广泛种植。

用途：观赏花卉。

苍耳属 *Xanthium* L.

苍耳 *Xanthium strumarium* L.

俗称：苍子、菜耳。

特征：一年生草本。茎被灰白色糙伏毛。叶三角状卵形或心形，长4~9 cm，近全缘，基部稍心形或平截，与叶柄连接处成相等楔形，边缘有粗齿，基脉3出，脉密被糙伏毛，下面苍白色，被糙伏毛。雄头状花序球形，径4~6 mm，总苞片长圆状披针形，被柔毛；雌头状花序椭圆形，总苞片外层披针形，长约3 mm，被柔毛。瘦果倒卵圆形。花期7—8月，果期9—10月。

分布：黄河两岸林地和草地。广泛分布于全国各地。

用途：药材。

金光菊属 *Rudbeckia* L.

黑心菊 *Rudbeckia hirta* L.

俗称：黑眼菊。

特征：一年生或二年生草本。全株被刺毛。茎下部叶长卵圆形、长圆形或匙形，长8~12 cm，基部楔形下延，3出脉，边缘有细锯齿，叶柄具翅。头状花序，径5~7 cm，花序梗长；舌状花鲜黄色，舌片长圆形，10~14个，长2~4 cm，先端有2~3不整齐短齿；管状花褐紫或黑紫色。瘦果四棱形，黑褐色，无冠毛。花期6—9月。

分布：利通区黄河沿岸绿地。原产于北美，在我国各地广泛种植。

用途：观赏花卉。

参考文献

[1] 李小伟，黄文广，窦建德. 宁夏植物图鉴：第四卷 [M]. 北京：科学出版社，2021.

[2] 李小伟，林秦文，黄维. 宁夏植物图鉴：第一卷 [M]. 北京：科学出版社，2021.

[3] 李小伟，吕小旭，黄文广. 宁夏植物图鉴：第二卷 [M]. 北京：科学出版社，2020.

[4] 李小伟，吕小旭，朱强. 宁夏植物图鉴：第三卷 [M]. 北京：科学出版社，2020.

[5] 李小伟，余殿. 哈巴湖植物图志：银川：阳光出版社，2021.

[6] 李新荣，李小军，刘光琇. 中国寒区旱区常见荒漠植物图鉴，旱区植物卷 [M]. 北京：科学出版社，2012.

[7] 刘广全，王鸿喆. 西北农牧交错带常见植物图谱 [M]. 北京：科学出版社，2012.

[8] 卢琦，王继和，褚建民. 中国荒漠植物图鉴 [M]. 北京：中国林业出版社，2012.

[9] 马德滋，刘惠兰，胡福秀. 宁夏植物志：第二版 [M]. 银川：宁夏人民出版社，2007.

[10] 田自强，张树仁. 中国湿地高等植物图志：上册 [M]. 北京：中国环境科学出版社，2012.

[10] 田自强，张树仁. 中国湿地高等植物图志：下册 [M]. 北京：中国环境科学出版社，2012.

[12] 徐景先，赵良成，林秦文. 北京湿地植物 [M]. 北京：北京科学技术出版社，2009.

[13] 张小平，程元启，徐庆，邵建章. 湿地高等植物图志 [M]. 北京：中国林业出版社，2011.

[14] 中国科学院生物多样性委员会. 中国生物物种名录（2023版），植物界物种名录. http://www.sp2000.org.cn/download，2023.05.24.

[15] 中国植物志编委会. 中国植物志（网络版）. https://www.iplant.cn/frps/vol，2024.03.01

中文名索引

三画

四画

五画

六画

七画

八画

九画

十画

十一画

十二画

十三画

十四画

十五画

十七画

十八画

拉丁名索引

A

B

C

D

E

F

G

H

I

J

K

L

M

N

O

P

R

S

T

U

V

X

Z